H. Arne Maus

Herausforderung Motivation

Denkpräferenzen und ihr Einfluss auf Engagement und Handeln im Beruf

Bibliografische Information der Deutschen Nationalbibliothek
Die Deutsche Nationalbibliothek verzeichnet diese Publikation in der Deutschen Nationalbibliografie;
detaillierte bibliografische Daten sind im Internet über http://dnb.d-nb.de abrufbar.

Dieses Buch widme ich:

Sabine
Tobias
Daniel
Dinah
Angels

© W. Bertelsmann Verlag
GmbH & Co. KG, Bielefeld 2009

Gesamtherstellung:
W. Bertelsmann Verlag, Bielefeld
www.wbv.de

Gestaltung:
www.lokbase.de, Bielefeld

BestellNr. 60.04.012
ISBN 978-3-7639-3898-8

Inhalt

Vorwort

Führung hat damit zu tun, Menschen dabei zu unterstützen, Veränderungen zu bewältigen. Management dagegen hat damit zu tun, Veränderungen umzusetzen. Führungskräfte setzen Kurs, Manager planen und budgetieren. Führungskräfte bündeln die Kräfte der Mitarbeiter, Manager organisieren und besorgen Mitarbeiter. Führungskräfte motivieren, Manager kontrollieren. Führungskräfte loten Chancen aus, Manager Grenzen.

Ein gut geführtes Unternehmen braucht beide Kräfte. Dieses Buch hilft, das Potenzial für Führung und Management zu identifizieren und das eine vom anderen zu unterscheiden.

Ebenso eignet sich dieses Buch, die richtigen Mitarbeiter zu finden – nicht die, die den besten Eindruck machen – und sie anschließend optimal zu führen. Gute Mitarbeiter auszuwählen wird immer schwieriger, denn allein aufgrund des demografischen Faktors steuern wir auf einen großen Mangel an Fachkräften zu.

Schließlich unterstützt dieses Buch Coachs und Trainer darin, die Begleitung ihrer Klienten und Teilnehmer intensiver, effektiver und nachhaltig erfolgreicher zu gestalten.

Danksagung

Ich danke Barbara Walther, Jürgen Wulff und Dr. David Scheffer, die mich tatkräftig beim Schreiben dieses Buches unterstützten. Dank auch an meine Lektorin Katrin von Bechtolsheim und an die Teilnehmer meiner Trainings für die zahlreichen Anregungen.

1. Warum Profilsysteme einsetzen?

Eine Fehlbesetzung kostet leicht ein Jahresgehalt, leicht 50 000 Euro oder mehr. Mir hat eine weltweit tätige Unternehmensberatung vorgerechnet, dass die Suche eines neuen Mitarbeiters rund 50 000 Euro kostet, bis sie den vermeintlich richtigen Mitarbeiter gefunden haben. Das heißt, es kostet dieses Unternehmen auch 50 000 Euro, wenn sich später herausstellt, dass es doch nicht den Richtigen eingestellt hat. Dabei wurden in dieser Kalkulation die internen Interviews mit den Senior Consultants, die final über die Einstellung entscheiden, nicht mit eingerechnet.

Diese Kosten müsste man betriebswirtschaftlich gesehen jedoch dazurechnen. Das bedeutet, dass eine falsche Entscheidung bei der Einstellung eines Mitarbeiters leicht die doppelten der oben genannten Kosten verursacht. Und immer noch sind dann nicht alle Kosten berücksichtigt. Denn ein Mitarbeiter, der an der falschen Stelle sitzt, kann teuer werden. Nicht, weil er ein schlechter Mensch wäre, sondern weil bei seiner Einstellung nicht ausreichend beachtet wurde, ob er neben der fachlichen Qualifikation auch die soziale Kompetenz hat, um den gestellten Aufgaben gerecht zu werden.

Für einen Bewerber ist es ebenfalls schlecht, eine nicht passende Stelle anzutreten. Wechselt er schon bald wieder die Anstellung oder übersteht gar die Probezeit nicht, hinterlässt das Spuren im Lebenslauf, die für die spätere Karriere hemmend sein können. Hinzu kommt noch, dass eine schlechte Person-Job-Passung beim Jobinhaber Stress auslöst. Dieser Stress überträgt sich meist auch auf die Kollegen, da sie die miese Stimmung des Jobinhabers abbekommen. Zum Teil müssen sie auch von ihm Arbeit übernehmen, die er nicht bewältigen kann, und weitere Konsequenzen der Fehleinstellung tragen. Bevor ein Bewerber sich für eine Stelle entscheidet, sollte er sich eigentlich immer die Frage stellen: „Passt die Stelle zu mir?" Doch das passiert in Zeiten hoher Arbeitslosigkeit leider viel zu selten. Bei einem Fachkräftemangel sieht dies anders aus.

Mit einem guten Kompetenz-Profil-System kann man zuvor feststellen, inwieweit ein Bewerber zu einer Stelle beziehungsweise umgekehrt die Stelle zum Bewerber passt.

1.1 „Wie betreiben Sie einen Mitarbeiter?"

Das ist eine provozierende Frage. Wenn man sie einem Chef stellt, dann reagiert er typischerweise mit: „Wie? Mitarbeiter betreiben? – Der soll seinen Job machen, dafür wird er doch bezahlt. Punkt." Und dann fragt man: „Ja – verstehe ich. Wie betreiben Sie denn eine Maschine im Wert von 50 000 Euro?" Dann kommen so ganz typische Antworten wie: „Da kommt der Service, der installiert die Maschine, bevor man sie überhaupt das erste Mal einschaltet. Und dann bekommt jeder Mitarbeiter natürlich eine Einweisung. So zwei bis drei Tage Schulung. Da darf nur eingewiesenes Personal dran, und natürlich gibt es einen Wartungsvertrag für die Maschine. So eine Investition muss man natürlich sichern."

Einem solchen Firmenchef könnte man daraufhin sagen: „In Ihrem Unternehmen wäre ich lieber eine Maschine als ein Mitarbeiter. Denn um die Maschinen kümmern Sie sich. Aber um Ihre Mitarbeiter?" In der Regel stutzt derjenige dann kurz und stellt fest: „An dieser Aussage ist etwas Wahres dran." Solche Antworten bekommt man übrigens auch schon bei Maschinen um die 10 000 oder 20 000 Euro.

1.2 Investition in die Mitarbeiter sichern

Also geht es darum, die Investition in die Mitarbeiter zu sichern. Dies passiert zum einen durch die Überprüfung von beruflicher Qualifikation, meist in Form von Zeugnissen. Dabei ist die Aussagekraft von Arbeitszeugnissen heute allerdings zum Teil sehr zweifelhaft. Ich jedenfalls habe seit Ende der 1970er-Jahre meine Arbeitszeugnisse immer selber geschrieben. Und meine Vorgesetzten/Personalabteilung haben sie einfach nur unterschrieben. Zum anderen sind die persönlichen Kompetenzen für die Erfüllung einer Aufgabe entscheidend. Meine Großmutter pflegte zu sagen: „Man kann den Leuten nur bis zur Stirn gucken." Das ist richtig. Trotzdem haben wir den Bedarf, persönliche Kompetenzen schnell und zuverlässig zu erkennen.

Was versteht man überhaupt unter persönlichen Kompetenzen? Dazu zählt man zum Beispiel Flexibilität, soziale Kompetenz, Führungsstärke, Kontaktstärke, Konfliktfähigkeit in Teams oder auch mit Kunden oder Vorgesetzen, den persönlichen Arbeitsstil oder emotionale Intelligenz.

Dabei erhebt sich die Frage: Wie groß ist die Konsistenz von beruflicher und von persönlicher Kompetenz? Damit ist die Antwort auf die Frage gemeint: „Wie lange kann ich nach einem beruflichen Ausstieg wieder einsteigen und sofort qualifiziert weiterarbeiten?" Die Konsistenz beruflicher Kompetenzen beträgt je nach Branche zwischen einem Vierteljahr und fünf Jahren.

Das Vierteljahr kommt aus der Computerbranche. Dort werden Produkte für eine Produktionsdauer von einem Vierteljahr entwickelt. Danach sind die Produkte bereits von der technischen Weiterentwicklung überholt und werden durch neuere Modelle ersetzt. Auf der CeBIT 2000 (Computermesse im März) hatte ich einen Computer, der mir sehr gefiel, gesehen und ihn bestellt. Im Juni habe ich ihn bekommen. Im November wollte sich ein Kollege von mir genau den gleichen Computer kaufen. Da war der Rechner schon nicht mehr im Programm, weil längst veraltet.

Dabei haben Computer einen längeren Lebenszyklus als einzelne Computerkomponenten, beispielsweise Festplatten. Sie werden heute nur noch ein Vierteljahr produziert. Danach sind sie veraltet.

Als ich Ende der 1970er-Jahre zum ersten Mal mit Computern zu tun hatte, munkelte man von Laufwerken mit großen Kapazitäten. Man nannte sie damals nicht Festplatten, sondern „Winchester Drives" oder „Rigid Discs" – und sie sollten die unglaubliche Kapazität von 1 MB auf einem $5^{1}/4$-Zoll-Laufwerk haben. Es ruft heute eher ein ungläubiges Staunen hervor, dass es so wenig war.

Man kalkulierte Ende der 1970er, dass man vielleicht in 10 bis 15 Jahren die absolute Grenze von Speichergrößen erreicht haben würde, sodass eine weitere Verkleinerung technisch und physikalisch nicht mehr möglich wäre. Diese Grenze veranschlagte man mit einem Megabit pro Chip. Mittlerweile gibt es längst Chips mit mehreren Gigabit (1 Gigabit = 1 Tausend Megabit). Die Festplatten haben übrigens mittlerweile die Terabyte-Grenze (= 1 Million Megabyte) überschritten. Allerdings nicht auf einem $5^{1}/4$-Zoll-Laufwerk, sondern auf einem 3,5-Zoll-Laufwerk, das von den äußeren Abmessungen vielleicht gerade noch ein Zehntel ausmacht!

Das Ende dieser Entwicklung ist heute noch nicht abzusehen. Moore's Law aus den 1970er-Jahren besagt, dass im Computerbereich alle 18 Monate die doppelte Kapazität zum halben Preis lieferbar ist. Und seit circa 30 Jahren bewahrheitet sich dieses Gesetz immer wieder. Ein Ende wird es irgendwann geben, aber es ist zurzeit noch nicht erkennbar. Steigt also jemand komplett für 18 Monate aus dieser Branche aus, so muss er sich wieder neu einarbeiten.

Und was auch immer ich hier von Menschen, die schon im Beruf stehen, gehört habe, es schwang immer mit: „Irgendwann habe ich einmal etwas gelernt, und heute mache ich etwas anderes, weil der Wandel im Beruf doch sehr groß ist." Es ist nicht mehr wie vor 100 Jahren: Man geht in einen Beruf rein, lernt ihn und macht ihn auf die gleiche Art und Weise für den Rest seines Lebens.

Was haben Sie einmal ursprünglich gelernt? Und was tun Sie heute? Wie viel haben Sie dazugelernt? Wie viel mussten Sie aufgrund des Veränderungsdrucks neu lernen? So viel zum Thema Berufsausbildung.

Das macht die Dinge auf der anderen Seite spannender, aber andererseits auch sehr viel komplexer. Bei der persönlichen Kompetenz ist es nun nicht so, dass sich diese in einem Vierteljahr ändert. Wenn man jemanden ein Vierteljahr nicht gesehen hat und ihn dann wieder trifft, dann ist er nicht plötzlich ein anderer Mensch geworden. Das könnte vielleicht nach fünf Jahren passieren, vielleicht nach 25 Jahren oder vielleicht auch überhaupt nicht. Denn Menschen ändern sich nicht so schnell. Es sei denn, sie haben in der Zwischenzeit traumatisierende oder andere prägende Erfahrungen gemacht, zum Beispiel eine Scheidung, Unfälle oder Krankheiten, die sehr starke Veränderungen in der Persönlichkeit hervorrufen. Aber das ist nicht die Regel. Und es ist nicht vorhersehbar. Wenn man die persönlichen Kompetenzen einer Person ermittelt, kann man sich auf diese sehr viel mehr verlassen als auf die beruflichen.

In der Regel ist es sogar so, dass die Arbeiten in vielen Abteilungen eines Unternehmens so sehr spezialisiert sind, dass neue Mitarbeiter, so qualifiziert sie auch sein mögen, auf jeden Fall über mehrere Monate eingearbeitet werden müssen. Also kann es nur im Interesse des Unternehmens sein, die Mitarbeiter auszuwählen, die von ihrer persönlichen Kompetenz her zum Unternehmen passen. Dabei kann ein gutes Profilsystem, mit welchem Persönlichkeitsmerkmale und Verhaltenstendenzen von Bewerbern herausgefunden und deren Eignung für eine Stelle überprüft werden können, eine große Unterstützung sein. Das Angebot auf dem Markt ist fast unübersichtlich: Welches der vielen Profilsysteme wählt man am besten aus? Worauf sollte ein Unternehmen unbedingt achten?

2. Anforderungen an ein Profilsystem

Wenn ein Unternehmen ein Persönlichkeitsprofilsystem einsetzen möchte, nach welchen Kriterien sollte es am besten seine Wahl treffen? Wichtige Kriterien sind sicherlich eine hohe inhaltliche Qualität, eine einfache Handhabbarkeit und ein erkennbarer Nutzen im Alltag. Ebenso wichtig ist eine hohe Trennschärfe in den Fragen. Sind die Fragen im Profilsystem nicht wirklich trennscharf, dann weiß der Interviewführende nicht genau, worauf der Proband antwortet.

Darüber hinaus sollten rein berufliche Fragen gestellt werden, weil Menschen sich im Beruf anders verhalten als im Privatleben. Auch wenn einige es anzweifeln, Untersuchungen zeigen, dass sich Menschen je nach Kontext völlig anders verhalten. Bei Fragen zum Privatleben im Bewerbungsgespräch würde den Menschen unterstellt werden, dass sie die Kontexte nicht unterscheiden können.

Das Risikoverhalten von Menschen im beruflichen Bereich ist ein völlig anderes als im privaten Bereich. Wenn beispielsweise Menschen in ihrer Freizeit Risiko- sportarten betreiben wie Snowboarding, Bungeejumping oder Ähnliches, dann kann man nicht unbedingt davon ausgehen, dass sie auch im beruflichen Kontext risikofreudig sind. So kann ein Chef in der Firma eiskalt Mitarbeiter entlassen und gleichzeitig zu Hause ein sehr warmherziger Vater und Ehemann sein. Deswegen sollten in Analysen immer situative und berufsbezogene Fragen gestellt werden, sonst werden die Ergebnisse zu unscharf.

2.1 Handhabbarkeit

Wie lange dauert die Fragezeit? Kann man die Auswertung selbst durchführen oder muss man die Antworten einschicken und kriegt das Ergebnis erst drei Tage später? Müssen bei der Bestellung eines selbst auswertbaren Profilsystems sinnlose Folgeleistungen im Voraus bezahlt werden? Was ist, wenn man zehn Auswertungen bestellt oder gekauft hat und hat plötzlich zwölf Probanden dastehen, die alle interessant sind? Oder was passiert, wenn man vergessen hat, rechtzeitig nachzubestellen? Oder man hat rechtzeitig nachbestellt, aber die Bearbeitung der Bestellung dauert länger als normal?

2.2 Abgleich mit Stellenprofilen

Kann man mit dem Profilsystem ein Stellenprofil erstellen? Kann man später den Bewerber mit diesem Stellenprofil vergleichen? Und wie einfach ist dies? Sind Teamvergleiche möglich? Kann man damit auch Schwierigkeiten im Team erkennen? Oder kann man auch ein „Team-Design" machen? Das heißt: Gilt es zum Beispiel, ein Projektteam zusammenzustellen, damit alle geforderten Leistungsdisziplinen abgedeckt werden – kann man dann einfach mehrere Teamprofile ausprobieren, um zu sehen, wie die einzelnen Teammitglieder zusammenpassen? Kann das Profilsystem zur Personalentwicklung eingesetzt werden? Wenn ein Stelleninhaber heute wirklich gut ist in seinem Job, heißt das nicht, dass dieser in Zeiten des Berufswandels auch noch in fünf Jahren gut ist – kann man sich zum Beispiel dann überlegen, wie sich die Anforderungen an den Stelleninhaber in Zukunft entwickeln werden? Kann das Profilsystem auch dazu benutzt werden, um die heutigen Stelleninhaber dahin zu führen?

2.3 Sind die Ergebnisse nützlich?

Kann der Anwender aus den Ergebnissen der Profilanalyse ganz Praktisches für das eigene Unternehmen ableiten? Es nutzen die besten Ergebnisse wenig, wenn sich daraus nicht ganz konkrete Handlungsschritte für das Unternehmen oder die betroffenen Mitarbeiter ableiten lassen, beispielsweise wie man die Fähigkeiten von Mitarbeitern weiterentwickeln kann oder ob man den Arbeitsplatz besser gestalten kann.

Kann man dabei Relevantes für eine Stellenbesetzung ablesen? Ist es möglich, mit vorhandenen Profilen Teamauswertungen durchzuführen, um zu sehen, wie das Zusammenspiel eines neuen Teams sein wird? Bei manchen Profilsystemen bekommt der Lizenznehmer die Profile nur in Form von fertigen Auswertungen, beispielsweise in Papierform oder elektronisch als druckbare PDF-Datei. Dann lassen sich die Ergebnisse nur schwer übereinanderlegen, um Teamvergleiche durchzuführen.

2.4 Wie leicht sind Ergebnisse zu vermitteln?

Und ganz wichtig: Sind die Ergebnisse des Profils leicht kommunizierbar? Wenn diese nur Experten verstehen und dann auch noch Schwierigkeiten haben, es herüberzubringen, dann sagt doch ein Bewerber: „Ich verstehe das alles gar nicht richtig und finde mich gar nicht wieder ..." Darin habe ich selbst leidvolle Erfahrungen gemacht: Bei Bewerbungen hatte ich einen Test ausgefüllt, und die Ergebnisse schließlich hatten nach meiner Meinung nur sehr wenig mit mir zu tun. Zumindest aber konnte ich sie nicht verstehen.

2.5 Wie ist die soziale Akzeptanz?

Oft wird in eine Auswertung hineingeschrieben: „Herr Meier ist so und so ..." Dies hat den gravierenden Nachteil, dass die Messergebnisse auf der Ebene der Identität festgeschrieben werden. Ganz bedenklich finde ich da die Werbung eines Profilsystems, das angibt, Hirnpräferenzen zu messen, und diese als genetisch bedingt begründet. Hier ist die Botschaft: „Ihnen gefällt das eine oder andere Ergebnis nicht? Pech gehabt! Lässt sich nicht ändern, da genetisch bedingt." Es ist schon allein deshalb bedenklich, weil die Gehirnforschung in den vergangenen zwanzig Jahren in immer größerem Maße nachgewiesen hat, inwieweit unser Gehirn bis ins hohe Alter lernfähig ist. Also muss ein gutes Profilsystem auch berücksichtigen, dass Menschen sich verändern können, und dies in den Ergebnissen widerspiegeln.

Bei typischen auf dem Markt befindlichen Profilsystemen finden sich Menschen nach meiner Erfahrung zu circa 50 bis 60 Prozent wieder. Das ist für mich in jedem Fall zu niedrig. In einem Profil, das ich persönlich bei einer Bewerbung ausfüllte, kam unter anderem heraus, dass ich sehr umsetzungsstark, aber sehr wenig kreativ sei. Menschen, die mich gut kennen, würden eher das Gegenteil behaupten. Außerdem drückt eine solche „Trefferquote" die soziale Akzeptanz weit nach unten. Man sollte daher ein Profilsystem wählen, in dem sich Menschen zu 95 bis 100 Prozent in ihren Profilen wiederfinden. Diese hohe Quote sollte allerdings nicht durch eine schwammige und allgemeine Beschreibung erreicht werden, die auf fast jeden zutrifft, sondern durch eine Messung möglichst vieler einzelner aussagekräftiger Einzelskalen. Dann kann man von einer hohen sozialen Akzeptanz ausgehen.

Der Personalchef eines größeren Unternehmens in Deutschland gab einem Bewerber Feedback zu seinem Profil basierend auf Denkpräferenzen und erklärte ihm, dass man ihn nicht einstellen wolle, weil er völlig andere Denkpräferenzen habe als von der Arbeitsstelle gefordert. Er erläuterte noch kurz, wie genau jemand sein müsse, damit er sich an diesem Arbeitsplatz wohlfühle. Der Bewerber hat sich anschließend bedankt, dass man ihn nicht genommen hat. Er konnte nachvollziehen, dass er an diesem Arbeitsplatz nicht glücklich geworden wäre. Diese Geschichte ist übrigens kein Einzelfall, wenn mit zutreffenden und detaillierten Profilsystemen gearbeitet wird.

2.6 „Darf's auch ein paar Details mehr sein?"

Ein Profilsystem sollte auch detaillierte Ergebnisse liefern, sonst sind die Ergebnisse zu grob und daher nicht aussagekräftig. Man könnte sich ja ansonsten auch auf zwei Unterscheidungen beschränken: männlich/weiblich. Das ist normalerweise sehr leicht zu erkennen. Außerdem ist es sehr lange vorhersagbar, es ändert sich wirklich selten. Die Eigenschaften sind allgemein bekannt: Frauen können nicht einparken, und Männer können nicht empathisch sein etc. Die Eigenschaften kennt jeder, und man könnte sich den ganzen Aufwand sparen.

Viele der klassischen Persönlichkeitsprofile messen nur drei bis vier Dimensionen und schreiben diesen dann pauschal bestimmte Eigenschaften zu. Bei den Profilsystemen muss man alle Eigenschaften eines Typus im Hinterkopf haben und dann noch schauen, inwieweit eine Person welche Art von Typus repräsentiert. Es wird noch komplizierter, wenn man Mischtypen hat. Ich bezweifle, ob eine zuverlässige Zuordnung in diesem Fall noch möglich ist.

Die Problematik bei Systemen, die auf wenige Ausrichtungen reduziert wurden, ist, dass jeder Ausrichtung eine ganze Reihe von zum Teil bis zu 20 generischen Eigenschaften zugeordnet wird. Diese können im Einzelfall zutreffen oder auch nicht. Natürlich gibt es Frauen, die nicht einparken können. Ich kenne allerdings auch eine ganze Reihe von Frauen, die es doch können. Ebenso wie es Männer gibt, die empathisch sind. Einige Profilsysteme erhöhen die Akzeptanz dadurch, dass die Formulierungen so weitgefasst sind, dass sich wirklich jeder darin wiederfinden kann. Das hat dann schnell die Qualität eines Horoskops in der Tageszeitung.

Wie würde es aussehen, wenn man einen anderen Weg ginge, nämlich solche generischen Eigenschaften direkt zu messen, statt sie gebündelt wenigen Ausrichtungen zuzuordnen? Diese generischen Eigenschaften nennt man auch Denkpräferenzen. Das sind Präferenzen im Denken und Handeln, wobei zwischen zwei und fünf Präferenzen eine Denkstruktur ergeben. So bilden die Sinneskanäle „Sehen", „Hören" und „Fühlen" zusammen die Denkstruktur „Sinneskanal". Es gibt bislang etwas über 50 dieser Denkpräferenzen. Aus diesen lassen sich wiederum einzelne Typen abbilden, wenn man unbedingt mit Typen arbeiten will.

Die Praxis zeigt jedoch, dass einzelne Denkpräferenzen sehr viel einfacher anzuschauen sind als komplette Typen, da man sich bei den Präferenzen nur auf die einzelnen Eigenschaften konzentrieren muss. Wenn sich die Befragten dann nach Auswertung in einem solchen Profil zu 95 bis 100 Prozent wiederfinden, so ist das ein wichtiger Hinweis auf die Qualität des Systems; denn bei über 50 Ausrichtungen ist es nicht mehr möglich, nebulöse Beschreibungen abzugeben, die kein Mensch mehr versteht. Die Profile müssen dann schon sehr konkret sein.

Über 50 Präferenzen – das ist natürlich sehr komplex. Aber Menschen sind nun mal komplex. Vor allem sollte man nicht den Fehler machen, „komplex" mit „kompliziert" gleichzusetzen. Im Gegenteil: Dinge werden dann kompliziert, wenn man bei ihrer Analyse die Komplexität nicht berücksichtigt. Das passiert meist bei der Betrachtung von Mann-Frau-Beziehungen. Berücksichtigt man jedoch, wie komplex etwas ist, dann geschieht so etwas wie ein Wunder: Alles wird auf einmal ganz einfach (im Vergleich zu vorher). Ich glaube, genau das meinte Albert Einstein, wenn er zu sagen pflegte: „Man sollte die Dinge so einfach wie möglich machen, aber auch nicht einfacher!"

Die Nutzung eines sehr differenzierten Profilsystems hat auch noch andere Vorteile: Angenommen, man hat Mitarbeiter in nur vier Kategorien eingeteilt, beispielsweise in Rot, Gelb, Grün und Blau (andere Profilsysteme benutzen einfach A, B, C und D), und man möchte den Menschen helfen, sich weiterzuentwickeln, dann steht man vor einem großen Problem. Aus dem einen Typus einen anderen machen? Das ist ein viel zu großer Schritt. Mal ganz abgesehen davon: Welcher Grüne möchte ein Roter werden? Oder welcher Gelbe ein Blauer? Oder umgekehrt? Die Mitarbeiter würden sich wehren, und das zu Recht; denn das wäre ein viel zu tiefer Eingriff in ihre Persönlichkeit.

Dagegen ist es etwas ganz anderes, Menschen, die problemorientiert denken, darin zu unterstützen, künftig vielmehr zielorientiert zu denken. Dies wäre keine Veränderung der eigenen Persönlichkeit, sondern eine konkrete Hilfe bei der Entwicklung neuer Fähigkeiten und damit ein persönliches Wachstum. Und das ist es doch, was Menschen wollen.

schwarz-weiß

4 Farben

16 Farben

vollfarbig

Man muss einfach wissen, was man betrachten will: ein einfaches, aber nicht sehr detailliertes und wenig aussagekräftiges Bild oder die wirkliche Vielfalt des Lebens in einem vollfarbigen Bild, auf dem man viel mehr erkennen kann. Ähnlich ist es bei Profilsystemen: Wenige Ausrichtungen geben ein grobes Bild, viele Denkpräferenzen ergeben ein detailliertes, lebensnahes Bild, in dem sich die Menschen wirklich wiedererkennen und aus dem sich konkrete Schritte zur persönlichen Weiterentwicklung ableiten lassen.

Die zuvor erwähnten 50 Präferenzen im Denken und Handeln ergeben rein rechnerisch über 1 Billiarde Typen (1 Billiarde = 1 Million x 1 Milliarde). Dabei gibt es bei den einzelnen Präferenzen nicht nur „schwarz" oder „weiß", sondern auch noch jeweils mehrere Abstufungen. Somit ist garantiert, dass jeder Mensch auf diesem Planeten sein ureigenes Profil erhalten kann. Aus diesen Profilen lassen sich dann leicht diverse Weiterentwicklungsmöglichkeiten für den Einzelnen und auch für Gruppen und Unternehmen ableiten.

Nochmals: Komplex heißt **nicht** kompliziert. Das glatte Gegenteil ist hier der Fall. Wenn man die Komplexität eines Menschen berücksichtigt, wird es viel leichter, eine andere Person zu verstehen. Man betrachtet einfach nur die einzelnen Bausteine, um das Ganze zu begreifen. Dadurch fühlt sich der betrachtete Mensch nicht bewertet und damit auch nicht abgewertet, sondern einfach nur wahrgenommen und wertgeschätzt.

Wenn Menschen gut miteinander auskommen, so sagt der Volksmund, dass die „Chemie" zwischen ihnen stimmt. So sind die meist vier Grunddimensionen klassischer Profilsysteme vergleichbar mit den vier Grundelementen der Antike: Feuer, Wasser, Erde, Luft. Dagegen ähneln die hier vorgestellten Denkpräferenzen in ihrer Komplexität mehr dem System der chemischen Elemente (Periodensystem) der Neuzeit. Genau diese Komplexität erlaubt es, präzise zu beschreiben und Entwicklungsprozesse anzustoßen.

Grundsätzlich gilt: Je ähnlicher die Präferenzen zweier Menschen sind, umso leichter ist eine gute „Chemie" zwischen ihnen herzustellen, aber umso weniger ergänzen sie sich. Die Menschen mit den ähnlichen Präferenzen machen aufeinander daher meist den besten Eindruck. Je unterschiedlicher die Präferenzen zweier Menschen, umso größer ist die Herausforderung, eine gute „Chemie" zwischen ihnen zu erreichen. Genau das ist der Grund, warum Personalverantwortliche häufig „Abbilder" ihrer selbst einstellen. Das sind aber nicht unbedingt die, die sie tatsächlich brauchen. Daher ist es wichtig, genau zu wissen, was gebraucht wird, und anhand dieses Profils die richtigen Mitarbeiter zu identifizieren.

Angenommen, jemand mag sich nicht um Details kümmern, dann macht es normalerweise wenig Sinn, diesem Menschen jemanden zur Seite zu stellen, der dies auch nicht mag. Vielmehr bedarf es jemanden, der Details liebt. Erkennen dann beide aber nicht, dass sie einander ergänzen, so werden sie sich gegenseitig wenig schätzen. Der eine wird als viel zu oberflächlich angesehen und der andere als „Erbsenzähler". Wissen aber beide, wie komplementär sie zueinander sind, können sie die Arbeit so aufteilen, wie sie einem jeden am besten liegt. Das wird dann von beiden Seiten als Bereicherung empfunden. Dazu ist es notwendig zu verstehen, welche Präferenzen man selbst und welche der andere hat. Diese Präferenzen werden später im Buch erklärt.

3. Denken heißt tilgen

Bevor hier nun Präferenzen definiert werden, folgt erst einmal eine kurze Übersicht über die Abläufe des Denkens.

Unser Bewusstsein kann laut Untersuchungen in den 1950er-Jahren (George Miller, 1956)[1] nur 7 +/− 2 Informationseinheiten gleichzeitig verarbeiten und nur ganze 40 Einheiten pro Sekunde. Es gibt verschiedene Messungen, die darlegen, dass jedoch permanent circa 11 Mio. bis 20 Mio. Informationseinheiten pro Sekunde durch die verschiedenen Sinneskanäle auf uns hereinprasseln (Tor Nørretranders, 1994; David G. Myers, 2008) [2].

Dieses massive Tilgen von Informationseinheiten wird von unserem Gehirn kompensiert. Man spricht hier von Filtern, obwohl die Metapher falsch ist. Ein Filter ist etwas, das etwas passiv herausfiltert. Hier findet jedoch eine selektive Wahrnehmung statt. Diese entscheidet, welche Information jetzt gerade ins Bewusstsein gelangt und welche nicht. Man kann sich dies als eine Art Schaltstelle im Vorzimmer des Bewusstseins vorstellen: Ruft man bei einer höhergestellten Führungskraft an, landet man in aller Regel im Vorzimmer. Dort gibt es eine mehr oder minder freundliche Stimme, die fragt, wer gerade anruft und was das Anliegen ist. Aufgrund der Angaben wird entschieden, ob man durchgestellt wird oder nicht.

Genau das passiert die ganze Zeit, während Sie hier in diesem Buch lesen: Die Helligkeit Ihrer Umgebung, die Farbgebung, die Hintergrundgeräusche, der Untergrund, der Sie trägt, und welcher Ihrer Füße gerade wärmer ist, der rechte oder der linke und so weiter – all diese oder zumindest ein Teil dieser Informationen ist erst in Ihr Bewusstsein gekommen, als Sie die entsprechende Stelle gelesen haben. Die Informationen selbst waren die ganze Zeit über da. In dem Moment, in dem Sie es lasen, hat Ihr Bewusstsein im Vorzimmer nachgefragt. Durch das Abfragen wurde dem Vorzimmer sozusagen die Anweisung gegeben, die entsprechende Information durchzulassen. Dies passiert dann auch in aller Regel.

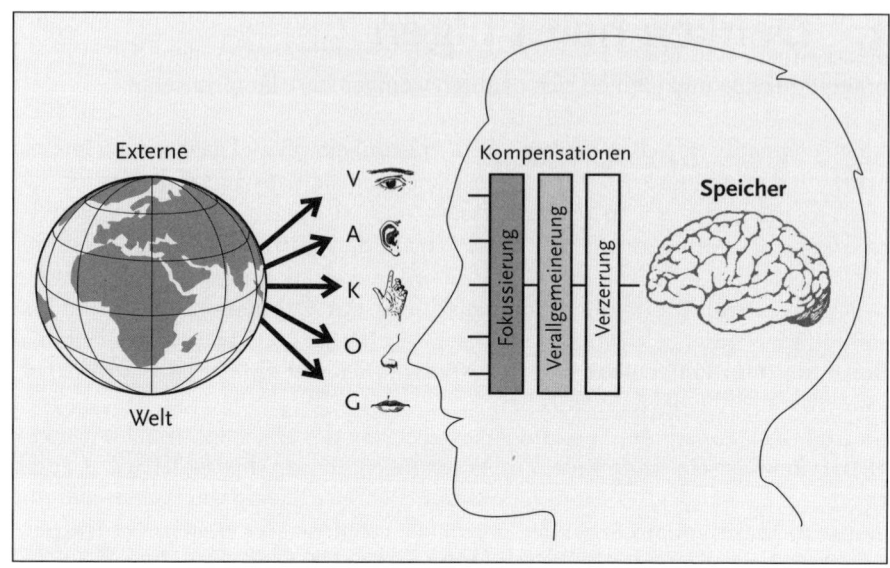

Wenn wir obige Zahlen zugrunde legen und uns dabei das Denken als eine Strecke vorstellen, dann kommt auf ein Zentimeter bewusstes Denken 50 Kilometer (!) unbewusstes Denken. Behauptet jemand, er könne die Welt so wahrnehmen, wie sie wirklich ist, dann wäre das ungefähr so, als wenn jemand durch den Briefkastenschlitz in den Buckingham Palace hereinschaut und daraufhin behauptet, er kenne den Buckingham Palace jetzt in- und auswendig.

3.1 Kompensation der Tilgung

Dabei ist es wichtig zu wissen, dass sowohl beim Abspeichern der Wahrnehmung als auch bei der Wiedergabe stark selektiert wird. Die Kompensation der zuvor erwähnten massiven Tilgung erfolgt durch Fokussierung, Verallgemeinerung und Verzerrung.

1. Fokussierung der Aufmerksamkeit

Da unsere Wahrnehmung als Mensch begrenzt ist, ist die erste Art der Kompensation, sich auf das Wesentliche zu konzentrieren – was auch immer wir für das Wesentliche halten. Menschen, die ihre Aufmerksamkeit in einem Punkt bündeln können, sind in der Lage, sich stark zu konzentrieren. Andere haben einen breiteren Fokus und können sich dadurch weniger stark konzentrieren.

Richtet jemand beispielsweise seine Aufmerksamkeit voll und ganz auf ein interessantes und spannendes Buch, so hat er keine mentale Kapazität mehr frei für das, was außerhalb des Buchbereiches passiert – es ist ausgeblendet. Dann kann es passieren, dass ihm jemand eine Tasse Tee auf den Tisch stellt, ohne dass es der Leser des Buches mitbekommt. Würde diese Tasse wirklich aus der Wahrnehmung getilgt, so müsste ja eigentlich automatisch eine Art Wahrnehmungsvakuum entstehen. Das kann aber natürlich nicht sein. Daher fügt das Unbewusste automatisch etwas hinzu, nämlich den Rest des Tisches, der jetzt von der Tasse verdeckt ist.

So sind Ausblenden und Hinzufügen zwei Seiten der gleichen Medaille namens „Fokussierung". Nachfolgend ein extremes Beispiel einer solchen Fokussierung:

Während des Bosnien-Krieges auf dem Balkan führte ein Chirurg über mehrere Stunden eine komplexe und schwierige Operation durch. Er konnte die Operation erfolgreich abschließen und damit das Leben seines Patienten retten. Dann stellte er fest, dass fast die Hälfte des Operationssaales während seines Tuns weggebombt worden war. Der zerstörte Teil wurde von ihm in seiner Wahrnehmung unbewusst bis zum Ende der Operation hinzugefügt.

Das Gehirn belässt einmal wahrgenommene Bilder unverändert und aktualisiert nur sich verändernde Teile. Dazu muss die Veränderung aber in einer gewissen Geschwindigkeit erfolgen. Langsam eingeblendete Gegenstände in einem Film, der ein Standbild zeigt, werden nicht wahrgenommen. Ebenso kann es sein, dass bei starker Konzentration (Fokussierung) auf einen Vorgang der Rest nicht mehr aktualisiert wird und sich dort abspielende Szenen nicht wahrgenommen werden. Es findet also keine aktive Filterung statt. Es wird schlicht nicht wahrgenommen (es dringt nicht einmal in das Gehirn vor) und wird nicht aktualisiert. Völlig geklärt ist der Vorgang der Wahrnehmung aber bis heute nicht. Interessant zu diesem Thema war die Sendereihe „Die Welt der Sinne" vom Bayerischen Rundfunk, ausgestrahlt im Jahr 2004.

2. Verallgemeinerung

Den Prozess der Verallgemeinerung habe ich hier nicht weiter unterteilt, da eine genauere Betrachtung des Vorgangs in diesem Kontext und für das Verständnis nicht wirklich relevant ist. Verallgemeinerungen sind eine spezielle Form der Tilgung. Sagt jemand beispielsweise: „Alle Männer sind gleich", so werden alle Unterschiede zwischen den einzelnen Männern getilgt. Behauptet jemand: „Jede Frau ist anders", so werden alle Gemeinsamkeiten zwischen den einzelnen Frauen getilgt. Jedes Mal, wenn wenige Einzelfälle verallgemeinert werden, wie beispielsweise bei der Äußerung: „Das **muss** unbedingt heute noch fertig werden", kann es gut sein, dass dies wirklich wichtig ist. In vielen Fällen löst sich ein solches **Muss** jedoch in Wohlgefallen auf, wenn es hinterfragt wird. Nur weil es in anderen Fällen besonders wichtig war, dass etwas in einem bestimmten engen Zeitrahmen fertig wurde, muss dies nicht auch in diesem Falle so sein.

Grundsätzlich gilt, dass Verallgemeinerungen der Quell der meisten Vorurteile sind, andererseits geben sie Orientierung. So ersparen Verallgemeinerungen uns, schmerzhafte Erfahrungen wie das Anfassen einer heißen Herdplatte mehrfach machen zu müssen.

3. Verzerrung

a) Vereinfachungen: Modelle, Pläne
b) Metaphern: Gleichnisse, Fabeln, Symbole
c) Überzeugung: Gleichsetzungen, Ursache/Wirkung
d) Zoomen: Vergrößerungen, Verkleinerungen
e) Simulationen

a) Vereinfachungen: Modelle, Pläne
Wenn man in einen Stadtplan schaut, so sieht man sich eine der wohl größten Verzerrungen der Wirklichkeit an. Der Plan ist nicht nur viel kleiner und flacher als die Stadt, er sieht auch völlig anders aus als die Stadt. Und doch ist diese Art von Verzerrung sehr nützlich, um sich in einer fremden Umgebung zurechtzufinden.

b) Metaphern: Gleichnisse, Fabeln, Symbole
Metaphern sind eines der stärksten Kommunikationsmittel. Sie wurden von allen großen Kommunikatoren benutzt, den Religionsbegründern beispielsweise, Buddha, Jesus Christus, Mohammed, und ebenso von großen Politikern wie beispielsweise Gandhi und anderen.

c) Überzeugung: Gleichsetzungen, Ursache/Wirkung
Wichtig ist es zu verstehen, dass es nicht die Funktion von Überzeugungen ist, die Realität widerzuspiegeln, sondern eine Motivation in eine bestimmte Richtung zu

kreieren. Überzeugungen arbeiten auf einer umfassenderen Ebene als die konkrete Realität und dienen dazu, unsere Wahrnehmungen der Realität zu leiten und zu interpretieren. Dies passiert normalerweise, indem unsere Wahrnehmungen mit unseren Werten verbunden werden. Überzeugungen sind schwer durch logisches Argumentieren oder rationales Denken zu verändern. Alle Formen dieser Überzeugungen hier darzustellen würde den Rahmen dieses Buches sprengen. Daher hier nur stellvertretend zwei Beispiele:

- **Gleichsetzungen** (das eine bedeutet das andere): „Er sieht mich nicht an – er hört mir nicht zu." Man kann hier durchaus hinterfragen, inwieweit das Nichtanschauen auch ein Nichtzuhören bedeutet. Dadurch überprüft man die Gültigkeit der Beziehung, die durch die Art der Aussage impliziert wird.
- **Ursache/Wirkung** (das eine verursacht das andere): „Sein Nichtanschauen macht mich ärgerlich." Hier lässt sich fragen: „Wie genau bewirkt das Nichtanschauen das Ärgerlichsein?" Dadurch findet man die kausalen Verbindungen, die in der Aussage vorausgesetzt werden.

d) Zoomen: Vergrößerungen, Verkleinerungen

Zoomen wird u. a. wissenschaftlich benutzt. Betrachtet man etwas durch ein Mikroskop, so ist dies eine grobe Verzerrung der Wirklichkeit, und sie ist sinnvoll. Andererseits begibt man sich in eine größere Distanz zu den Dingen, wenn man beispielsweise die Umgebung aus einem hochfliegenden Hubschrauber betrachtet. Manchmal steht man auch direkt vor einem Berg und weiß nicht weiter. Geht man auf eine größere Distanz zum Berg, sieht man oft neue Möglichkeiten weiterzukommen. Dies ist übrigens einer der Gründe, warum es sinnvoll ist, sich externe Berater heranzuholen.

e) Simulationen

Jegliche Art von Simulation kann hilfreich sein. Flugsimulatoren sind beispielsweise wichtig für die gründliche Ausbildung von Piloten. Aber auch einfach so zu tun, als ob man sich in der Position eines anderen befindet, beschert häufig interessante Einsichten. Die Verzerrung der wahrgenommenen Informationen ist die Voraussetzung für menschliche Kreativität. Das Gehirn konstruiert Informationen, indem es die eintreffenden und bereits gespeicherten Signale miteinander mischt. Dabei kann das Gehirn nicht zwischen Außen- und Innenreizen unterscheiden. Das kann man am ehesten nachvollziehen, wenn man plötzlich aus einem realistischen Traum erwacht und feststellt, dass es nur ein Traum war. Je nach Art des Traumes ist es dann eine Erleichterung oder ein Bedauern, das einen erschleicht. Das ist der Grund, warum Menschen normalerweise die eigene Wahrnehmung für die einzig richtige Interpretation der Informationen halten.

3.2   Sinn der Kompensationen

Diese Kompensationen sind die Erklärung dafür, warum Menschen die Welt so unterschiedlich wahrnehmen. Stellen Sie sich einmal vor, ein Fischer, ein Vogelkundler, ein Künstler und ein Seemann gehen an ein und demselben Strand spazieren und erzählen anschließend, wie sie diesen Strand wahrgenommen haben. Sie erhalten dann vier sehr verschiedene Darstellungen, und alle sind richtig.

Allen Kompensationen ist gemeinsam, dass sie einerseits sehr nützlich sind, andererseits aber auch zu größeren Problemen führen können. Jeder Mensch macht sich aufgrund seiner Erfahrungen eine Art Landkarte von seiner Umgebung und seinen Mitmenschen. Probleme tauchen dann auf, wenn jemand seine Landkarte mit der Wirklichkeit gleichsetzt. Wenn man auf die Karte einer Stadt schaut, setzt man diese ja auch nicht mit der Stadt gleich. Trotzdem ist es für Menschen nicht immer einfach zu akzeptieren, dass die eigene Landkarte nicht oder nicht mehr zutreffend ist. Selbst einfach nur zu akzeptieren, dass andere Menschen andere Landkarten (= Weltbilder) haben, ist für manche extrem schwierig.

Picasso sollte einmal eine Ehefrau malen. Er tat dies in seiner abstrakten Weise. Der Ehemann war mit dem Ergebnis ganz und gar nicht zufrieden. Er sagte, das Bild würde seine Frau nicht korrekt darstellen. Seine Frau sähe ganz anders aus. Er zog ein Foto aus der Tasche und sagte zu Picasso: „Sehen sie, das ist meine Frau. So genau sieht sie aus!" Der Meister schaute sich das Foto an, drehte und wendete es. Er erwiderte dann: „Sie ist aber sehr klein und extrem flach!"

3.3   Was sind Denkpräferenzen?

Untersucht man nun die oben beschriebenen Kompensationen systematisch, so lassen sich daraus Denkpräferenzen entwickeln. Sie bestimmen, worauf wir unsere Aufmerksamkeit richten. Ich habe die Denkpräferenzen in den letzten 14 Jahren gründlich studiert und dabei Folgendes herausgefunden:

1. Denkpräferenzen sind Vorlieben, die Menschen im Umgang mit sich und ihrer Umwelt entwickelt haben, wenn sie nicht gar schon von der Geburt an da waren.
2. Die Präferenzen beeinflussen sich zum Teil gegenseitig.
3. Es sind Gewohnheiten, „feste Verdrahtungen" im Gehirn. Aus der Gehirnforschung wissen wir, dass durch Denkvorgänge Verknüpfungen im Gehirn ge-

bildet werden, und je öfter diese Denkvorgänge benutzt werden, umso stärker werden diese Verknüpfungen. So gibt es in jedem Gehirn so etwas wie Trampelpfade (bei selten genutzten Verknüpfungen), und es gibt richtige Datenautobahnen, nämlich dort, wo Verknüpfungen häufig benutzt werden. Bildlich sieht das so aus: Wenn im Winter ein Mensch sich seinen Weg durch eine frisch gefallene Schneedecke bahnt, so ist ein Trampelpfad entstanden. Benutzen viele Menschen denselben Trampelpfad, so wird er immer breiter und ausgetretener. Genau dies passiert in unserem Gehirn.

4. Diese Präferenzen wirken sich wie Filter aus, ohne wirklich Filter zu sein. Konkret heißt das beispielsweise: Obwohl wir alle eine rechte und eine linke Hand haben, benutzen wir zum Unterschreiben nur die eine. Normalerweise haben wir auch zwei Ohren, aber jeder Mensch hat in der Regel ein Ohr, mit dem er vorzugsweise zuhört. Das andere Ohr ist damit nicht überflüssig, es wird eben eher über das eine zugehört. Und dies hat Auswirkungen. Das eine Ohr ist eher analytisch ausgerichtet, das andere eher emotional. So können wir auch von Kontext zu Kontext das Ohr wechseln, mit dem wir zuhören.

5. Die Denkpräferenzen haben konkrete Auswirkungen im Denken und Handeln.

Jede einzelne der nachfolgend vorgestellten Präferenzen wird in Unternehmen gebraucht, jedoch nicht an jeder Stelle und nicht in jeder Ausprägung oder Kombination. Es kommt auch nicht darauf an, dass man möglichst viel von jeder Präferenz nutzen kann. Mehr ist hier nicht besser. Es gibt Menschen, die mehr problemorientiert denken und andere, die mehr zielorientiert denken. Beides kann je nach Kontext von Vorteil sein: Hat man seine Hand aus Versehen auf eine heiße Herdplatte gelegt, so tut man gut daran, sie schnell wegzuziehen – ohne vorher lange zu überlegen, wo die Hand besser platziert wäre. Andererseits, steigt man in ein Taxi ein, ist es wichtig, dem Fahrer zu sagen, wo man hinwill. Oder was glauben Sie, passiert, wenn ein Fahrgast dem Fahrer sagt: „Ich will nicht zur Bahnhofstraße!"?

Man kann sagen: Die hier vorgestellten Präferenzen sind die Art und Weise, wie sich Persönlichkeit nach außen ausdrückt und beschreiben lässt. Sie stellen sozusagen die Grundelemente des Denkens dar. Man könnte sie auch wie eine Art Baukastenprinzip betrachten. Diese Grundelemente sind kulturfrei und bei allen Menschen gleich welcher Kultur zu finden. Sie sind jedoch bei jedem Menschen und in den verschiedenen Kulturen unterschiedlich stark ausgeprägt. Daher kann man mit ihnen auch kulturelle Unterschiede erfassen und darstellen. Die zuvor beschriebenen „Filter" bestehen letztendlich aus den Denkpräferenzen, die in den nachfolgenden Kapiteln dargestellt werden.

3.4 Standortbestimmung als Unternehmen

Das Erfassen von Kulturen in Unternehmen, Abteilungen und Teams ist ein weit unterschätzter Faktor. Laut PricewaterhouseCoopers scheitern mehr als 80 Prozent aller Fusionen. Dabei geht es nicht nur um die großen Hochzeiten wie von Daimler und Chrysler, sondern auch um Zusammenlegungen von Abteilungen oder Teams innerhalb eines Unternehmens.

Nur warum scheitern sie? Die Zahlen werden ausgiebig von versierten Wirtschaftsprüfern geprüft. Vom Produktfolio her passen die Partner optimal zusammen, und doch scheitert die Fusion. Daraus folgt, dass dieses Scheitern nur an den verschiedenen Unternehmenskulturen beziehungsweise an einer mangelnden Vorbereitung der Fusion liegen kann. Auch wenn eine Fusion in einer Tabellenkalkulation hervorragend aussieht, so kann sie kulturell dennoch ein absolutes Desaster bedeuten.

Berater und Manager übersehen auch häufig, dass Unternehmenskultur keine beliebig manipulierbare Größe ist, sondern ein komplexes Phänomen, das sich gezielter Beeinflussung oft entzieht. „Die Tatsache, dass das Konzept der Unternehmenskultur in Forschung und Praxis wieder vermehrte Beachtung findet, ist auch der Einsicht geschuldet, dass heute die in der Vergangenheit erfolgreichen Instrumente der Unternehmensführung zu versagen drohen", beobachten Christine Reick (Universität Dortmund) und Prof. Tim Hagemann (FH der Diakonie Bielefeld).

Die Kernfrage einer Organisationskulturdiskussion ist: Haben Unternehmen Kultur (Variablen-Ansatz) oder sind sie Kultur (Root-metaphor-Ansatz)? Die Beantwortung dieser Frage hat gravierende Konsequenzen für die Einschätzung der Gestaltbarkeit von Kultur. So ermöglicht zum Beispiel der Variablen-Ansatz einen funktionalistischen Blick auf die Kultur eines Unternehmens, mit dem Ziel, diese zum Zweck der Effizienzsteigerung zu optimieren.

Beim Root-metaphor-Ansatz ist die Konsequenz: Möchte man eine Kultur verändern, gelingt dies nur, indem man die Wahrnehmungen und Einstellungen der betroffenen Menschen beeinflusst. Dies ist ein schwieriger und langfristiger Prozess, der sich zudem nur schwer steuern lässt.

Bei beiden Ansätzen wird man nur dann erfolgreich sein, wenn man die Komplexität der Kultur erfasst hat und genau die Hebelwirkungen kennt. Auch hier erweist sich dann die Möglichkeit, Denkpräferenzen zu messen, als hilfreich. Denkpräferenzen liefern genau diese Informationen. Man kann erfassen, wie stark die Ausprägung der Denkpräferenzen in den jeweiligen Unternehmen ist, und daraus die Unternehmenskultur ableiten.

Wurde die eigene Unternehmenskultur durchleuchtet und ist dies ebenso beim zukünftigen Partner geschehen, so wurde die Entscheidungsgrundlage für eine Fusion beträchtlich erweitert. Hat man die verschiedenen Kulturen erfasst, so kann man daraufhin Brücken zwischen ihnen bauen. Brücken sind bekanntermaßen die teuersten, kompliziertesten und komplexesten Bauwerke. Aber baut man sie nicht, dann fällt man in die Tiefe. Immerhin hat man dann eine Grundlage für eine fundierte Entscheidung – nämlich zu fusionieren oder auch nicht. In jedem Fall ist dies erheblich besser, als blind in eine Fusion zu stolpern, mit all den enormen finanziellen Folgen. Geht man zusammen, so lassen sich aus den gewonnenen Erkenntnissen Strategien zur optimalen Durchführung entwickeln.

Eine Studie von Dr. David Strack belegt: Internationaler Einzelhandel ist dann erfolgreich, wenn er die landesspezifischen Werthaltungen der Mitarbeiter respektiert. International agierende Handelsunternehmen scheitern häufig daran, dass sie die kulturellen Wertorientierungen und Erwartungshaltungen der Mitarbeiter in den einzelnen Ländern ignorieren. Das Scheitern von Wal-Mart in Deutschland 2006 ist nur ein Beispiel von vielen.

Strack diagnostiziert dabei eine häufige Sequenz: „Durch ein erfolgreiches Personalmanagement stellt sich der Erfolg auf dem Heimatmarkt ein, mithin die Begründung für eine Expansion ins Ausland. Durch den Irrglauben geleitet, die Unternehmenskultur sei so stark, dass man sie quasi über die Kultur des jeweiligen Landes legen könne, werden dieselben (bewährten) Management-Techniken im Ausland angewandt wie in der Heimat." Dies programmiert den Misserfolg, wie ihn zum Beispiel Lidl in Skandinavien erlitt und Aldi in England, Spanien sowie Portugal (David Strack, 2009)[3].

3.5 Die Entdeckung der Denkpräferenzen

Die Präferenzen wurden Anfang der 1980er entdeckt. Robert Dilts brachte mit einigen Kollegen Teilnehmern eines Trainings eine von anderen erfolgreich erprobte Entscheidungsstrategie bei. Diese sah beispielsweise so aus:

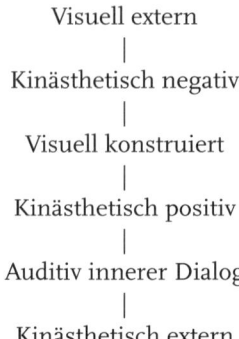

Visuell extern
|
Kinästhetisch negativ
|
Visuell konstruiert
|
Kinästhetisch positiv
|
Auditiv innerer Dialog
|
Kinästhetisch extern

Bedeutet: Jemand sieht einen unaufgeräumten Schreibtisch (visuell extern), daraus folgt ein schlechtes inneres Gefühl (kinästhetisch negativ), darauf entwickelt er eine innere Vorstellung, wie der Schreibtisch aufgeräumt aussieht (visuell konstruiert), daraus folgt ein gutes inneres Gefühl (kinästhetisch positiv), und er sagt zu sich: „Auf geht's ans Aufräumen" (auditiv innerer Dialog), und dann machte er es (externe Handlung, kinästhetisch extern).

Eine Woche später berichtete ungefähr eine Hälfte der Teilnehmer, die neue Entscheidungsstrategie sei erfolgreich, die andere Hälfte schilderte das Gegenteil. Darauf schaute man sich an, was genau den Unterschied ausmacht. Die zweite Hälfte sah auch den unaufgeräumten Schreibtisch (visuell extern), daraus folgte ein schlechtes inneres Gefühl (kinästhetisch negativ). Darauf entwickelten sie aber keine innere Vorstellung, wie der Schreibtisch aufgeräumt aussieht, sondern wie viel Arbeit es macht, ihn aufzuräumen (visuell konstruiert). Daraus folgte dann kein gutes inneres Gefühl, sondern ein noch schlechteres (kinästhetisch sehr negativ), und sie sagten zu sich: „Bloß weg hier" (auditiv innerer Dialog), und genau das taten sie dann auch:

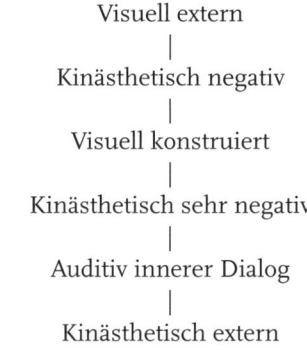

Visuell extern
|
Kinästhetisch negativ
|
Visuell konstruiert
|
Kinästhetisch sehr negativ
|
Auditiv innerer Dialog
|
Kinästhetisch extern

Während die erste Hälfte der Lernenden rein zielorientiert dachte, war die zweite Hälfte problemorientiert – sie dachte weg von Problemen. Auf diese Weise wurde die erste Denkstruktur „Richtung" mit den Präferenzen „Hin-zu" und „Weg-von" entdeckt. Man könnte diese Denkpräferenzen auch als Metastrategien bezeichnen. („Meta" ist eine griechische Vorsilbe und bezeichnet grundsätzlich eine von einer grundlegenden Ebene abstrahierte Position, Eigenschaft oder Ebene.)

3.6 Definition von Denkpräferenzen

1. Sie muss (zumindest potenziell) bei allen Menschen vorkommen.
2. Sie muss ein Muster haben, das sich regelmäßig wiederholt.
3. Sie muss alle Möglichkeiten abdecken.
4. Sie ist für den gewählten Kontext relevant.

Beispiel:

Man könnte beispielsweise eine „Schuh-Denkstruktur" mit den Präferenzen „Rechts" und „Links" messen. Das wäre die Antwort auf die Frage: „Welchen Schuh ziehen Sie morgens zuerst an? Den rechten oder den linken?"

Sie kommt erstens bei allen Menschen zumindest potenziell vor. Sie hat zweitens ein Muster, das sich regelmäßig wiederholt, und es deckt alle Möglichkeiten ab (oder haben Sie schon mal einen Menschen mit drei Füßen gesehen?). Bei der vierten Bedingung fällt diese Denkpräferenz allerdings durch. Denn für den beruflichen Kontext ist es völlig egal, welchen Schuh Sie zuerst anziehen.

4. Hintergrund: Logische Ebenen des Lernens

Menschen reden oft über ihre Reaktionen auf Dinge auf verschiedenen „Ebenen". Zum Beispiel könnte jemand sagen, dass eine Erfahrung negativ auf der einen Ebene, aber positiv auf einer anderen Ebene war. In unserer Denkstruktur, unserer Sprache und unserem Wahrnehmungssystem gibt es natürliche Hierarchien oder Ebenen der Erfahrung. Jede Ebene wirkt sich so aus, dass sie die Information auf der unter ihr liegenden Ebene organisiert und kontrolliert. Veränderungen auf einer höheren Ebene würden zwangsläufig auch Veränderungen auf einer tieferen Ebene bewirken – Veränderungen auf einer tieferen Ebene aber nicht zwangsläufig auf einer höheren Ebene. Der Anthropologe Gregory Bateson identifizierte basierend auf der Theorie der logischen Typen von Russell und Whitehead[4] fünf grundlegende Ebenen des Lernens und der Veränderung: Lernen 0 bis Lernen 4 (Bateson)[5]. Jede höhere Ebene ist abstrakter als die unter ihr liegende, aber mit einem größeren Einfluss auf das Individuum. Vereinfacht sind die fünf Ebenen nach Bateson:

Lernen 0

Ein Mensch reagiert auf eine äußere Einwirkung immer mit der gleichen Handlung in immer derselben Intensität. Er lernt nichts dazu. Das ist bei Phobien der Fall. Sobald jemand mit einer Hundephobie auf der Straße einen großen Hund sieht, weicht er möglichst weiträumig aus. Dies ist eine rein reflexartige Handlung.

Lernen 1

Ein Mensch reagiert auf eine äußere Einwirkung immer mit der gleichen Handlung, jedoch variiert er deren Intensität. In unserem Beispiel würde der Mensch mit der Hundephobie die Abstände variieren: Er würde einige Hunde näher an sich heranlassen und vielleicht sogar einfach an ihnen vorbeigehen. Dieses Verhalten ist nicht rein reflexartig; hier werden individuelle Fähigkeiten eingesetzt.

Lernen 2

Ein Mensch reagiert auf eine äußere Einwirkung immer mit einer Handlung aus einer anderen „Klasse" seines Verhaltens. Das würde in unserem Beispiel bedeuten, der Phobiker würde den Hund streicheln. Um dies tun zu können, müsste er allerdings seine inneren Überzeugungen ändern. Ein anderes Beispiel ist in den Worten Jesus' vor zweitausend Jahren zu finden: „Wenn dich einer auf die rechte Wange schlägt, dann halt ihm auch die andere hin" (Mt 5,39). Auch hier ist eine große Veränderung der inneren Überzeugungen notwendig, um so zu handeln.

In beiden Beispielen sind es Verhaltensweisen, die innerhalb des Systems eines Menschen verfügbar sind. Sie wurden nur von einem Kontext beziehungsweise einer Klasse des Verhaltens auf einen anderen beziehungsweise eine andere übertragen. Eine solche Änderung kann ein erhebliches Wachstum in der eigenen Persönlichkeitsentwicklung bedeuten. Meist ist dies etwas, was sich eher langsam über Jahre hinweg entwickelt. Ansonsten wäre es ein Sprung in der eigenen Persönlichkeitsentwicklung.

Lernen 3

Ein Mensch reagiert auf eine äußere Einwirkung immer mit einer Handlung aus einem anderen Verhaltenssystem. Das wäre so, als wenn eine Katze sich plötzlich wie ein Hund verhält oder umgekehrt ein Hund wie eine Katze. Hier würde eine Veränderung innerer Überzeugungen wenig bringen. Dies wäre eine gravierende Veränderung in der Identität beziehungsweise in der Rolle. Diese Form des Lernens ist daher sehr selten, sie kommt der Vernichtung des Selbst gleich.[6]

Lernen 4

Auf dieser Stufe würde man völlig neue Systeme von Verhaltensweisen entwickeln. Hier sagt Bateson, dass diese Lernstufe ein einzelner Mensch nicht erreichen kann. Diese Stufe kann nur von der Menschheit als Ganzes erklommen werden. Hier ein Beispiel: Ein Hund und ein Gibbonaffe wurden zusammen aufgezogen. In diesem

Zusammenleben entwickelten die beiden ein komplett neues System von Verhaltensweisen, wie sie noch bei keiner anderen Spezies beobachtet wurden.

Auf den menschlichen Kontext übertragen würde dies bedeuten: Da wir schon seit Tausenden von Jahren auf diesem Planeten mit all den bekannten Lebewesen leben, müssten wir schon zusammen mit Außerirdischen aufwachsen, um diesen Wandel innerhalb einer Generation zu bewerkstelligen. Bis es so weit ist, werden wir wohl die Aussage Batesons akzeptieren müssen, dass wir es, wenn überhaupt, dann nur mit der Menschheit als Ganzes schaffen.

4.1 Neurologische Ebenen

Auf den Ebenen nach Bateson aufbauend entwickelte Robert Dilts[7] die neurologischen Ebenen des Denkens. Im Grunde sind sie nur eine andere Perspektive der Ebenen nach Gregory Bateson:

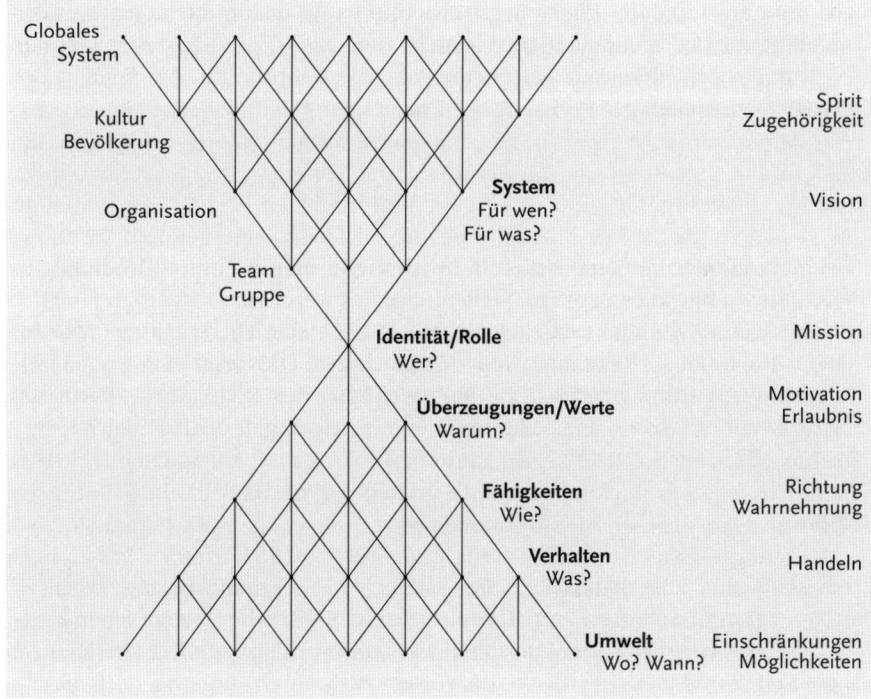

Die Ebenen im Einzelnen

1. **Umgebung** beinhaltet die spezifischen äußeren Bedingungen, in denen unser Verhalten stattfindet. Es geht um die Fragen „Wo?" und „Wann?". Auf dieser Ebene werden die umweltbedingten Möglichkeiten und Begrenzungen definiert. Beispiel: „Ich bin gerade in einem Büro in Hamburg an einem Dienstagnachmittag."

2. Die Ebene darüber ist die des **Verhaltens**. Es ist die Ebene des Handelns und der Aktion. Es geht um die Frage: „Was tue ich?" Mit dem Verhalten kann man die Umgebung verändern, jedoch hat auch die Umwelt Einfluss auf das Verhalten eines Menschen. Beispiel: „Ich trinke einen Kaffee und unterhalte mich mit einem Kollegen." Verhalten, ohne irgendeine bewusste innere Landkarte, Planung oder Strategie auszuführen, ist wie eine motorische Reaktion, eine Gewohnheit oder ein Ritual.

3. Darüber ist die Ebene der **Fähigkeiten**. Es stellt sich die Frage: „Wie mache ich das, was ich tue?" Es ist die Ebene der Strategien. Hier geben wir unserem Handeln eine Richtung. Beispiel: „Ich höre seinen Argumenten genau zu und erkläre ihm anschließend meinen Standpunkt. Dabei berücksichtige ich seine Argumente." Auf der Ebene der Fähigkeiten sind wir in der Lage, aus einer vielfältigen Reihe von Verhalten gemäß den äußeren Situationen eins auszuwählen, zu ändern und anzupassen.

4. Darüber befindet sich die Ebene der **Überzeugungen und Werte**. Hier entsteht die Motivation, etwas zu tun. Es geht um die Frage: „Warum tue ich das, was ich tue?" Es ist die Ebene von Erlaubnis und Verboten. Beispiel: „Ich bin von meinem Standpunkt sehr überzeugt und finde es wichtig, auch meinen Kollegen zu überzeugen." Auf der Ebene von Überzeugungen und Werten ist es uns möglich, eine besondere Strategie, einen Plan oder eine Denkweise zu fördern, zu hemmen oder zu verallgemeinern.

5. Dann kommt die Ebene der **Identität** und der **Rolle**. Die Frage ist: „Wer bin ich?" Diese Frage ist offensichtlich nicht so leicht zu beantworten. Beispiel: „Ich bin Hans Meyer, 43 Jahre alt, von Beruf Marketing-Manager und Vater von zwei Kindern." So ist seine Identität nicht, es sind bestenfalls einige Facetten seiner Identität. Solche Facetten kann man auch als Rolle bezeichnen. Hiermit ist nicht eine schauspielerische Rolle gemeint, sondern vielmehr die Aufgabe, die jemand als Person hat. So hat in obigem Beispiel Hans Meyer eine Rolle als Marketing-Manager und eine weitere als Vater. Wahrscheinlich hat er noch viele weitere, zum Beispiel als Ehemann, als Freund etc. Dies ist dann die Ebene der Mission, der persönlichen Aufgabe. Natürlich vereinigt die Identität ganze Systeme von Überzeugungen und Werten in einem Sinn (Auffassung) von Selbst.

6. Darüber ist die Ebene des **Systems.** Diese Ebene beschreibt die Erfahrung, dass wir immer Teil eines größeren Ganzen sind. Es geht um die Frage: „Für wen oder was tue ich das, was ich tue?" Mögliche Antworten sind beispielsweise: „Ich tue dies für meine Gruppe, die Firma, meine Familie, mein Vaterland oder für Gott." Diese Ebene zeigt, wozu wir uns zugehörig fühlen. Auf dieser Ebene entstehen auch Visionen, während auf der Ebene der Identität die Mission beschrieben wird: „Was ist meine Rolle/mein Beitrag bei dieser Vision?"

Auch wenn beispielsweise die Umwelt die unterste Ebene ist, so gibt es doch Wechselwirkungen von den unteren auf die höheren Ebenen. So verhält man sich normalerweise in einer Eckkneipe anders als in einem Vier-Sterne-Restaurant.

Es macht einen großen Unterschied, ob man einem Kollegen oder Mitarbeiter sagt: „Das, was Sie da gemacht haben, war nicht gut!" Oder ob man dem Kollegen sagt: „Sie sind nicht gut!" Letztes ist ein Angriff auf die Identität. Es leistet auch einer Eskalation Vorschub. Sollte man zu Ihnen so etwas sagen, hilft es zu fragen: „Was habe ich gerade gemacht, dass Sie zu einer solchen Aussage kommen?" Diese Frage erwartet eine Antwort auf der Ebene „Verhalten". Das ist drei Ebenen unter der Identität. Diese Frage hilft zu deeskalieren. Denn Verhalten kann man in jedem Fall leichter anpassen als die Identität.

Normalerweise fokussieren sich Manager auf die Ebenen **Umwelt, Verhalten** und **Fähigkeiten.** Das sind die operationalen Ebenen. Die Ebenen **Werte und Überzeugungen, Identität/Rolle** und **System** werden dabei häufig außer Acht gelassen. Gerade sie sind aber die konzeptionellen Ebenen, die eine Beachtung durch die Führung brauchen.

Die Ebenen in der Praxis

Während jede Ebene abstrakter wird und sich immer mehr von den Einzelheiten von Verhalten und Sinneserfahrung entfernt, hat sie tatsächlich mehr und mehr Auswirkung auf unser Verhalten und unsere Erfahrung.

Erfolg hat viel damit zu tun, dass man diese Ebenen in Einklang miteinander bringt. Aus der Sichtweise des Unternehmens und der Mitarbeiterführung heißt das, die folgenden sechs Schritte für das Unternehmen als Ganzes sowie aller Teilbereiche bis hin zum einzelnen Mitarbeiter zu definieren.
1. Eine Vision entwickeln.
2. Die eigene Rolle dabei definieren.

3. Definieren, welche Werte man dabei vertritt und den Weg, um diese zu erreichen.
4. Konkrete Strategien dafür entwickeln.
5. Einen konkreten Handlungsplan ausarbeiten.
6. Auswirkungen auf den Markt definieren sowie Grenzen und Chancen ausloten.

Nun kommt es darauf an, noch ein Rückmeldungssystem zu installieren, um Änderungen am Markt berücksichtigen zu können. Wie genau man Ideen für die obige Vorgehensweise entwickeln kann, wird später im Kapitel „Erfolg gestalten – Erfolgsstrategie in der Anwendung" im Detail beschrieben.

4.2　Einordnung der Denkpräferenzen

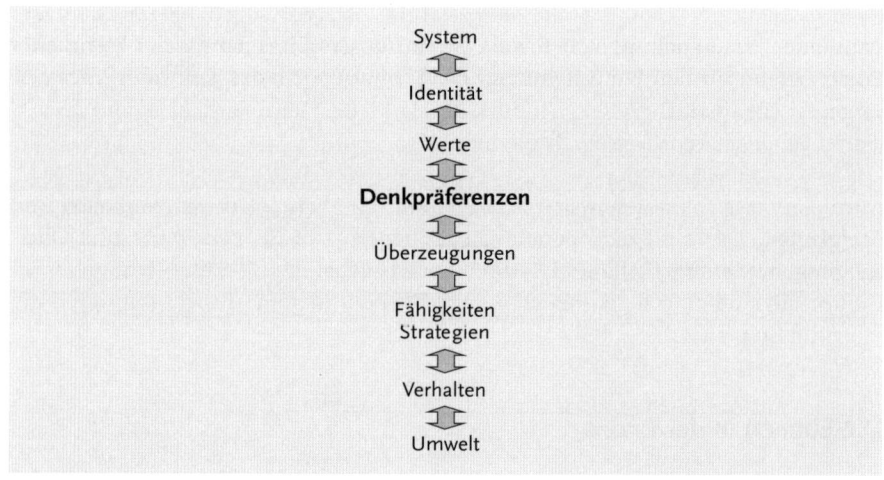

Die Denkpräferenzen lassen sich klar der Ebene der Überzeugungen und Werte zuordnen. Auch gibt es keine hierarchische Struktur. Überzeugungen, Werte und Denkpräferenzen beeinflussen sich gegenseitig. Man könnte sagen, dass die Denkpräferenzen eine Art Kleber zwischen Werten und Überzeugungen bilden.

Angenommen, zwei Menschen haben den gleichen Wert: Frieden. Jedoch ist der eine sehr zielorientiert und der andere problemorientiert. Diese beiden Menschen werden aufgrund ihrer Präferenzen unterschiedliche Überzeugungen entwickeln, wie man Frieden am besten erreicht beziehungsweise sichert.

5. Wozu ist das alles wichtig?

Langsam setzt sich die Erkenntnis durch, dass Motivation allein nicht reicht. Die Motivation kann hoch sein, doch solange der Mensch nicht auch in Aktion kommt, nutzt sie relativ wenig. Was zählt, ist das Engagement, also die Umsetzung von Motivation in produktives Verhalten und Leistung für das Unternehmen.

Laut einer Untersuchung von Towers Perrin[8] ist das Engagement der Mitarbeiter entscheidend für den Unternehmenserfolg. In 2007 sah das weltweit gemessene Engagement so aus:

	Voll engagiert	Moderat engagiert	Wenig engagiert	Innerlich gekündigt
Deutschland	17	47	28	8
Schweiz	23	50	23	4
UK	14	42	33	11
Europa	16	43	31	10
USA	29	43	22	6
Weltweit	21	41	30	8

Zahlen in Prozent

Die hohe Prozentzahl der wenig bis nicht engagierten Mitarbeiter verursacht laut Gallup allein in Deutschland einen gesamtwirtschaftlichen Schaden von circa 247 bis 260 Milliarden Euro. Dies entspricht ungefähr dem Etat des Bundeshaushalts der Bundesrepublik Deutschland.

Insgesamt sind laut einer Befragung von 1 525 Fach- und Führungskräften durch die Unternehmensberatung Watson Wyatt Heissmann 86 Prozent aller Mitarbeiter offen oder heimlich dabei, eine neue Stelle zu suchen. Dabei würden

52,14 Prozent sogar bei niedrigerem Gehalt wechseln, wenn sie eine Stelle finden, die wirklich zu ihnen passt. Gleichzeitig glaubten zwei Drittel der Personalverantwortlichen, die Mitarbeiter im Unternehmen fühlten sich wohl im Unternehmen![9] Es reicht offensichtlich nicht aus, nur zu glauben, im Unternehmen sei alles gut – besser man misst es. Kein Controller der Welt würde sich damit zufriedengeben, nur zu glauben, die Zahlen seien gut. Er würde es immer genau prüfen.

Auch die Unternehmensergebnisse sind eindeutig: Hier sind die Ergebnisse einer Untersuchung von Tower Sperrin[10] bei über 50 global operierenden Unternehmen im Jahre 2007. Sowohl bei der Steigerung der Umsätze, des Nettogewinns als auch bei den Earnings per Share (EPS) spricht folgende Grafik eine deutliche Sprache.

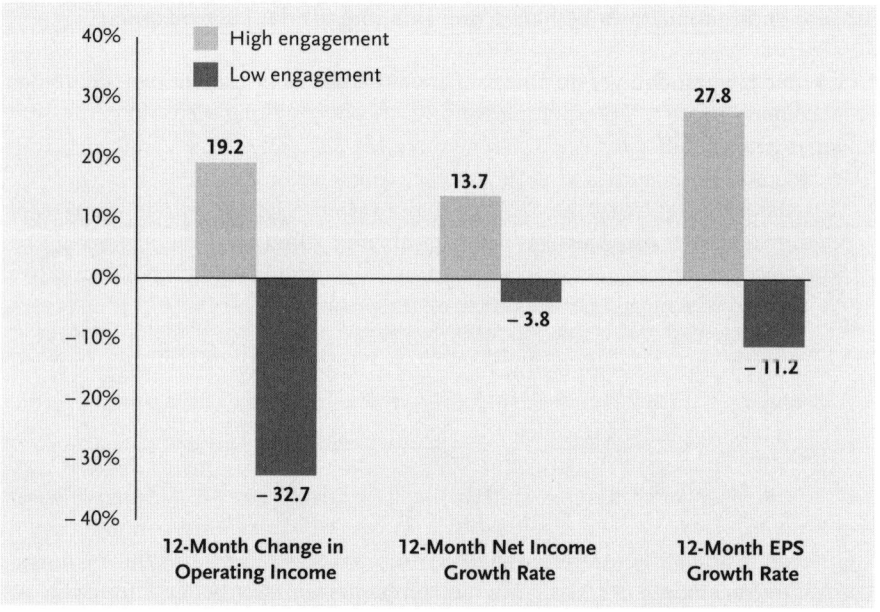

In all den Jahren, in denen ich Manager auf ihrem Weg begleitet habe und noch begleite, stelle ich ihnen immer wieder zwei Fragen: Die erste: „Was motiviert Sie?" Dabei bekomme ich ganz unterschiedliche Antworten. Eins ist jedoch allen Antworten gemeinsam: Geld wird – wenn überhaupt – an letzter Stelle erwähnt. Meist gar nicht.

Die zweite Frage ist: „Wie können Sie Ihre Mitarbeiter am besten motivieren?" Interessanterweise steht hier an erster Stelle das Geld. Diese Einstellung bezeichne ich als die Schizophrenie des Managements.

Pay-for-Performance (leistungsorientierte Vergütung, kurz „P4P" genannt) wurde ursprünglich als innovatives Vergütungssystem für Stücklohnarbeiten mit großem Erfolg eingeführt. So konnte beispielsweise die Firma Safelite Glass (Ohio, USA) in den 1990er-Jahren nach Umstellung von Stundenlohn auf Stücklohn einen Produktivitätszuwachs von 36 Prozent verbuchen – bei einer Erhöhung der Lohnkosten um lediglich 9 Prozent!

Von diesem Erfolg inspiriert wurde Pay-for-Performance auch auf Managementebene vieler großer Firmen eingeführt und macht damit das Einkommen des Managers vom aktuellen Profit der Firma abhängig. Das Modell erfährt immer stärkere Verbreitung, obwohl groß angelegte Studien deutlich die Schwächen und Gefahren dieses Konzeptes aufzeigen:

- Die Steigerung der Vergütung geht nicht konform mit der Entwicklung des Marktes.
- Firmen nutzen Pay-for-Performance nicht als Bestandteil der Vergütung, sondern gewähren dies als ein zusätzlich bezahltes Einkommen.
- Es entsteht ein gefährlicher Selbstselektionseffekt: Dieses Vergütungskonzept zieht extrinsisch motivierte Mitarbeiter an und kann zur Demotivierung von intrinsisch motivierten Mitarbeitern führen – oder aber deren intrinsische Motivation weicht mit der Zeit einer extrinsischen.
- Das strategische Verhalten der Mitarbeiter kann sich dahin gehend ändern, dass die finanzielle Vergütung in den Vordergrund tritt und beispielsweise Organizational-Citizenship-Verhalten, wie die freiwillige Unterstützung und Förderung von Kollegen, vernachlässigt wird.

Dr. Katja Rost und Dr. Margit Osterloh (Rost, Osterloh, 2008)[11] belegen anhand von Studien: Derartige Leistungsanreize kommen dem Unternehmen kaum zugute, sie sind eher kontraproduktiv. Sie mussten feststellen, dass die leistungsorientierte Vergütung (P4P) oft nur ein Lippenbekenntnis ist und mittlerweile kaum noch ein Zusammenhang zwischen der hohen Bezahlung der leitenden Angestellten und dem wirtschaftlichen Erfolg der Unternehmen besteht.

Es gibt weitere Untersuchungen, die belegen, dass P4P nicht funktioniert. Trotz der eindeutig besseren finanziellen Vergütung in Großunternehmen sind Mitarbeiter in den KMU deutlich mehr motiviert. Da erhebt sich die Frage: Was bewirkt qualitativ hohes Engagement bei Mitarbeitern?

Vergleich: **Leistungsbereitschaft und Geld**

1. Kleine und mittlere Unternehmen (KMU)
2. Große Firmen (über 5 000 Mitarbeiter)

	KMU	Groß
Ich fühle mich oft energiegeladen	40	28
Meine Arbeit holt das Beste aus mir heraus	44	24
Ich bin bereit, noch intensiver zu arbeiten	61	43
Ich tue meine Arbeit mit Leidenschaft	53	36
Finanzielle Anerkennung	24	**44**
Mitarbeiter-Aktienoptionen	7	**50**
Jährlich steigendes Gehalt	34	**74**

Quelle: Harris 2005

Wie obige Tabelle eindrucksvoll belegt, spielt Geld zwar eine Rolle, aber keine so große, wie von vielen Managern angenommen wird. Da besteht als Erstes die Frage: Was machen KMU anders als die großen Unternehmen? KMU sind meist Unternehmen in Familienhand. Große Unternehmen sind meist an der Börse notiert. Wer an der Börse notiert ist, ist verpflichtet, jedes Quartal seine Zahlen zu veröffentlichen. Da wollen alle gut aussehen. Das verleitet viele dazu, Entscheidungen zu treffen, die kurzfristig zwar gut sind, langfristig aber eher das Gegenteil. Dies geschieht wohl nicht einmal aus böser Absicht. Diese Manager denken meist nur noch in Quartalszyklen.

In KMU ist das anders. Hier wird grundsätzlich nicht in Quartalen, sondern eher in Generationen gedacht. Doch auch bei Großunternehmen gibt es bekannte Ausnahmen. An dieser Stelle sei Porsche erwähnt. Porsche ist nach obiger Definition ein Großunternehmen, und es ist auch an der Börse notiert. Allerdings ist Porsche auch größtenteils noch im Familienbesitz. Vor einigen Jahren wurde Porsche von der Deutschen Börse aufgefordert, Quartalsberichte zu veröffentlichen. Porsche hielt die Veröffentlichung von Quartalszahlen für unternehmensschädlich und wollte nur Halbjahreszahlen veröffentlichen. Doch die Börse bestand auf Quartalszahlen. Porsche weigerte sich und wurde, wie zuvor von der Börse angedroht, aus dem DAX entfernt. Anfang 2009 übernahm Porsche als kleinster Autohersteller Deutschlands die Mehrheit beim vielfach größeren Hersteller Volkswagen.

Was Mitarbeiter wirklich von einem guten Job und vom Unternehmen erwarten, sind im Prinzip nur fünf Punkte:

	Jobsicherheit
+	Sinnhaftigkeit der Arbeit
+	Entwicklungschancen
+	Kooperative & unterstützende soziale Beziehung
+	Faire Bezahlung
=	**Hohes Engagement**

Interessant hieran ist, dass all diese Faktoren mehr oder weniger direkt von den eigenen Denkpräferenzen des Mitarbeiters abhängen. Denn es ist nicht so, dass man mit bestimmten Denkpräferenzen an jedem Arbeitsplatz zufrieden wäre. Die Präferenzen und der Arbeitsplatz müssen zusammenpassen. Hierauf wird bislang viel zu wenig geachtet. Der Fokus liegt bei der Auswahl von Bewerbern jedoch auf berufliche Ausbildung und Erfahrung. Das ist aber noch lange kein Garant, die passenden Mitarbeiter einzustellen. Im Gegenteil. Ein englischer Personaldirektor brachte es auf den Punkt, indem er sagte: „Wir stellen Menschen ein wegen ihres Wissens und ihrer beruflichen Erfahrung, aber wir feuern sie wegen ihres Verhaltens."

5.1 Motivation hilft – gutes Engagement mehr

Dabei geht es allerdings nicht nur um die Frage: „Wie hoch ist das Engagement?", sondern auch um die Frage: „Wie ist die Qualität des Engagements?" (Bruch/ Vogel)[12].

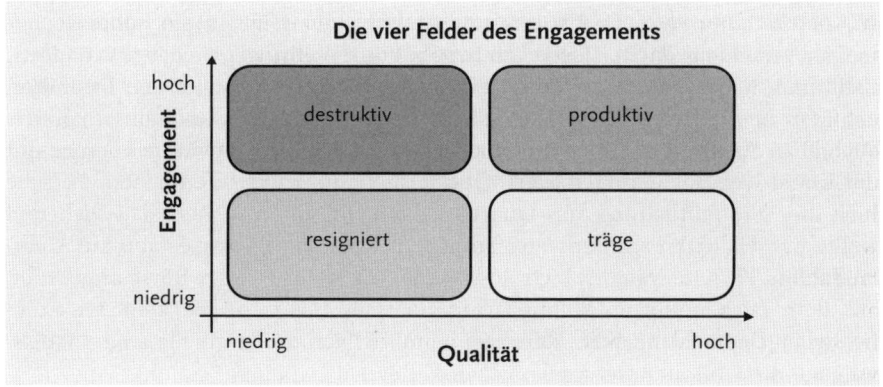

Resigniert

Ist das Engagement niedrig bei gleichzeitig niedriger Qualität des Engagements, so herrscht Gleichgültigkeit gegenüber Unternehmenszielen vor, es gibt viel Zynismus im Umgang miteinander. Viele haben bereits innerlich gekündigt. Insgesamt gibt es Auflösungserscheinungen, und Hoffnungslosigkeit macht sich breit. Es gibt kaum noch Engagement. Die Mitarbeiter, vor allem die Leistungsträger, suchen nach neuen Jobs. Die Mitarbeiter beklagen sich häufig. Niemand glaubt mehr so recht, etwas bewirken zu können. Auffällig ist auch eine Häufung psychosomatischer Symptome. Die Mitarbeiter haben resigniert.

Träge

Ist das Engagement niedrig bei gleichzeitig hoher Qualität des Engagements, so gibt es im Allgemeinen eine Akzeptanz der Unternehmensziele. Dabei ist die Effizienz entscheidend. Die Mitarbeiter erfahren viel Sicherheit und Routine. Es gibt ein „Wir-Gefühl" und ein Gefühl der Unverwundbarkeit. Durch das allgemeine Wohlbehagen und der damit einhergehenden Sorglosigkeit entsteht ein großer Mangel an Veränderungsbereitschaft. Die Folge ist eine Abwehr von Kreativität und eine ebenso starke Abwehr von anderen Meinungen und von Abweichlern („Group think").

Destruktiv

Ist das Engagement hoch bei gleichzeitig niedriger Qualität, so gibt es einen hohen Widerstand gegen die Unternehmensziele. Es herrscht ein sehr hoher Wettbewerb. Daraus resultiert wiederum eine hohe Rivalität bis hin zu Machtkämpfen mit viel Reibungsverlust – bis hin zum Mobbing. Es entsteht ein hoher gegenseitiger Verschleiß mit der Folge von Instabilität. Es gibt zwar viele kreative Ideen, aber einen Mangel an Umsetzung. Eine hohe Dichte von Saboteuren im Unternehmen ist erkennbar. Es gibt reichlich destruktive Kritik und einen großen Mangel an Wertschätzung. Symptomatisch ist auch Hyperaktivität einhergehend mit einem Wechsel zwischen Euphorie und Frustration.

Produktiv

Ist das Engagement hoch bei gleichzeitig hoher Qualität, so gibt es eine Ausrichtung auf die Unternehmensziele. Es wird effektiv gearbeitet. Es gibt kreative Problemlösungen mit einiger Experimentierfreude. Man arbeitet entwicklungsorientiert. Im Allgemeinen herrscht hohe Arbeitszufriedenheit mit Freude an der Arbeit („Flow"). Es wird eine konstruktive Feedbackkultur gepflegt. Es herrscht ein Klima des gegenseitigen Vertrauens. Die Mitarbeiter identifizieren sich mit den Unternehmenswerten und dem Unternehmen. Daher gibt es auch eine geringe Fluktuationsrate.

Engagement kann man direkt an den wirtschaftlichen Ergebnissen eines Unternehmens ablesen. Wenn sich das Engagement nicht auf dem gewünschten Niveau befindet, ist es eine gute Idee, die Motivation am Arbeitsplatz zu messen, denn sie bildet die Grundlage für Engagement.

Man ging früher davon aus, dass Motivation eine eher lineare Struktur hat. Man ist entweder hoch motiviert oder völlig demotiviert oder befindet sich irgendwo auf einer linearen Skala dazwischen. Es gibt Manager, die die Vorstellung haben, dass alles in Ordnung ist, wenn es keinerlei demotivierende Faktoren am Arbeitsplatz gibt. Das ist ungefähr so, als hätte man die Vorstellung, dass man beim Auto nur alle Bremsen zu lösen braucht, um automatisch mit Höchstgeschwindigkeit zu fahren. Man muss schon zuvor den Motor starten, Gänge einlegen und Gas geben, um auf Höchstgeschwindigkeit zu kommen.

Herzberg kam auf die Idee, dass man auf der einen Seite zwar hoch motiviert sein kann, aber gleichzeitig auf der anderen Seite auch sehr demotiviert (Herzberg, 1967, 2003)[13]. Um beim Bild des Autos zu bleiben, ist das so, als wenn man mit Höchstgeschwindigkeit über die Autobahn fährt und gleichzeitig alle Bremsen betätigt. Das erzeugt im Auto eine enorme Spannung und führt zu erheblichem Verschleiß. Ähnlich fühlen sich Menschen in einer solchen Situation. Wenn man längere Zeit darin aushält, kann dies zum Burn-out führen. Gibt es weder Demotivation noch Motivation am Arbeitsplatz, führt es zum Gegenteil, dem Bore-out.

Sowohl Burn-out als auch Bore-out sind extreme Formen von Stress. Beide können zu hohen Kosten für das Unternehmen führen. Beim Burn-out sind es vor allem die Krankheitskosten (siehe Kapitel „Burn-out"), und beim Bore-out machen Mitarbeiter nur noch „Dienst nach Vorschrift", sie haben innerlich gekündigt.

Nachfolgend eine Darstellung des Flow-Modells als Kanal. Es zeigt, dass Flow dann entsteht, wenn die Anforderungen den Präferenzen eines Mitarbeiters entsprechen. Übersteigen die Anforderungen die Präferenzen, so entsteht zunächst ein Gefühl der Erregung. Dieses Muster kann man beobachten, wenn sich Menschen immer wieder einen Kick holen. Steigen die Anforderungen noch weiter, dann entsteht zunächst Besorgnis, danach ein Gefühl von Überforderung. Bei noch weiterem Steigen der Anforderungen entstehen Versagensängste und letztendlich die Gefahr von Burn-out.

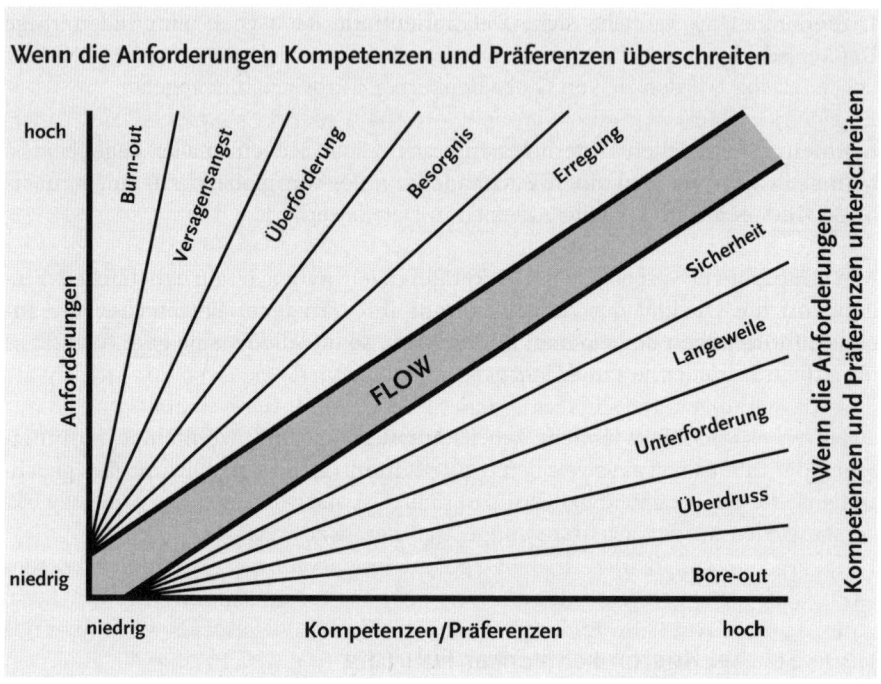

Kanal-Flow-Modell, Arne Maus nach Mihalyi Csikszentmihalyi[14] und Norbert Bischof[15]

All die interessanten Erkenntnisse aus den vorigen Kapiteln nutzen wenig, wenn man nicht genau weiß, wo die Organisation und der einzelne Mitarbeiter stehen. Wie genau sind die Präferenzen eines jeden einzelnen Mitarbeiters und wie genau formt sich daraus eine Kultur im Team, in der Gruppe, der Abteilung und der gesamten Organisation? Was ist die Identität/Rolle des Unternehmens?

Mitarbeiter, die nicht stromlinienförmig der Identität eines Unternehmens entsprechen, werden schnell zu Außenseitern abgestempelt. Ein solcher Mitarbeiter ist unbequem, da er nicht den allgemeingültigen Denkmustern im Unternehmen entspricht. Was machen Touristen häufig, wenn sie im fremdsprachlichen Ausland etwas von einem Einheimischen wollen und nicht verstanden werden? Sie äußern ihre Bitte noch einmal und sagen das Gleiche nochmals, nur lauter.

Genau dies oder Ähnliches passiert in Unternehmen. Man sagt etwas, so wie es den eigenen Denkmustern entspricht. Andere Denkmuster erfordern jedoch eine ganz andere Sprache. Ein Mensch, der global denkt, wird sich in aller Regel auch global äußern. Andere global denkende Menschen finden dies naturgemäß als angenehm. Man versteht sich. Detailorientierte Menschen empfinden diese Denke jedoch als viel zu oberflächlich und wollen viel mehr in die Tiefe der Details. Dabei werden sie von Globaldenkern als Erbsenzähler abgetan.

In einem erfolgreichen Unternehmen braucht man jedoch in aller Regel beides. Man stelle sich nur mal einen Buchhalter vor, der nur global die Bilanzen überprüft. Oder einen Projektleiter, der sich in Details verliert.

Alle nachfolgend vorgestellten Denkpräferenzen haben einen erheblichen Einfluss auf die Qualität der Arbeit und auf ihre Effizienz. Entsprechen die Arbeitsanforderungen den eigenen Präferenzen, so bildet dies eine gute Grundlage für Arbeitszufriedenheit und Engagement.

Dabei ist es wichtig, zwischen Arbeitszufriedenheit und Wohlfühlen zu unterscheiden. Gibt es beispielsweise eine gute Stimmung in einem Team, aber gleichzeitig ist die Leistung niedrig, so fühlen sich zwar alle wohl, aber niemand ist wirklich zufrieden. Es gilt also, das richtige Maß herauszufinden.

5.2 Studie: Kosten schlechter Führung

In einem Vortrag von Prof. Heike Bruch finden sich folgende Ergebnisse einer Studie:

Wie viel Zeit verbringen Sie mit folgenden Dingen:	Durchschnitt aller Unternehmen	Im Bereich starker Führung	Im Bereich schwacher Führung
Bürokratie	18 %	8 %	25 %
Konflikte und Kämpfe	9 %	10 %	16 %
Koordination mit anderen Bereichen	18 %	12 %	21 %
Kundenbezogene Dinge	34 %	38 %	20 %
Innovation und Verbesserungen	15 %	30 %	13 %
Anderes	6 %	2 %	5 %

Bemerkenswert ist hier, dass Menschen, die gerne in festen Arbeitsstrukturen arbeiten und bürokratische Aufgaben erledigen, dies viel schneller tun als Menschen, die das nur ungern machen. Wenn Menschen zusammenarbeiten müssen, ist auch ihre Fähigkeit, mit anderen zu kooperieren, gefragt. Je besser sie das können, umso geringer sind die Chancen für interne Konflikte und Kämpfe. Eine optimale Person-Job-Passung ist enorm wichtig, denn sie entscheidet darüber, wie schnell und effektiv ein Mensch an seinem Arbeitsplatz arbeitet. Sie ist entscheidend dafür, wie sehr sich ein Mitarbeiter den produktiven Aufgaben widmet.

Nun ein Beispiel aus einem Automobilkonzern, das die hohen Kosten schlechter Führung aufzeigt, die man durch gute Führung hätte vermeiden können (Stummer, 2008)[16]: In einem Automobilwerk mit circa 2 700 festen Mitarbeitern wurden die Auswirkungen von Führungsstilen auf die Gesundheit der Mitarbeiter durch eine Studie analysiert.

Die Analyse in Zahlen:

- Krankenstand 2 Prozent über dem Branchendurchschnitt
- Im Schnitt fehlen Mitarbeiter vier Tage mehr als in anderen Firmen.
- Ein Arbeitstag kostet 300 Euro pro Mitarbeiter.
- Kosten: 4 Tage x 300 Euro x 2 700 MA = 3 240 000 Euro pro Jahr

Die Ursachen:

Die Führungsspanne umfasste bis zu 195 Mitarbeiter, im Durchschnitt waren es 150. Die Ergebnisse der Studie zeigen, dass der Krankenstand und die Führungsspanne signifikant zusammenhängen. Je größer die Anzahl der Mitarbeiter, desto höher der Krankenstand.

Die Mitarbeiter gaben folgende Gründe an:

- Mangelnde/Fehlende Kontaktintensität zum Chef
- Mangelnde Wertschätzung durch die Unternehmensleitung
- Kommunikationsstil geprägt durch Drohungen und Entlassungsankündigungen
- Mangelnde soziale Unterstützung
- Unfaires Verhältnis von Anforderungen und Belohnung

Offensichtlich wurde hier nicht auf eine optimale Person-Job-Passung geachtet. Je nach persönlichen Präferenzen wird die gleiche Kontaktfrequenz eines Chefs als zu wenig, genau richtig oder aber gar als zu viel eingeschätzt. Gleiches gilt für die anderen Punkte, die hier bemängelt wurden.

Als man die Unternehmensleitung mit den Ergebnissen vertraut machte, bestätigte diese daraufhin, dass man auch keinen Wert auf viel Kontakt zu den Arbeitern legt, sie sollten einfach nur arbeiten. Dieser Führungsstil wurde beibehalten, obwohl die Studie eindeutig belegt, dass aufgrund des „kontaktarmen" und autoritären Führungsstils ein schlechteres Betriebsergebnis erreicht wird, als möglich wäre. Es gab aber auch vorbildliche Abteilungen, in denen Mitarbeiter als Team zusammenarbeiteten und der Kontakt zu den Vorgesetzten sehr gut war. Dort blieb man auch mal am Arbeitsplatz, wenn man nicht ganz gesund war. Ganz im Gegensatz zu den vom Chef unfair behandelten Kollegen, die beim kleinsten Krankheitsanzeichen mal ein verlängertes Wochenende einlegten. Dieses Beispiel zeigt, was schlechte Führung kostet, und in umgekehrter Weise, was gute leisten kann.

Weiterhin führen schlechte Führung und mangelnde Person-Job-Passung zu einer hohen Fluktuationsrate. Die Frage ist also, warum Firmen die Möglichkeiten bei der Auswahl ihrer Mitarbeiter nicht nutzen, obwohl dies ja nichts oder nur sehr wenig kostet?

In den Augen der Analysten stehen Unternehmen, die ihren Beschäftigten gute Bedingungen bieten, im Verdacht, dies zulasten der Aktionäre zu tun. Gegenteilige Beweise helfen da nicht viel. So sagte der Personalchef einer Firma in den USA vor dem geplanten Börsengang einem Berater, der Vorstandschef wolle die großzügigen Nebenleistungen für die Beschäftigten abbauen, um den Analysten zu gefallen. Dass die im Vergleich zur Konkurrenz guten Arbeitsbedingungen in dem Unternehmen und die sehr niedrige Fluktuationsrate ein wichtiger Erfolgsfaktor war, sei den Analysten zu schwer vermittelbar.

Sollten Sie jedoch an einer Person-Job-Passung und damit einer niedrigen Fluktuationsrate interessiert sein, um die Effizienz eines Unternehmens zu steigern, dann sind die folgenden Kapitel wichtig für Sie.

6. Denkpräferenzen – Übersicht

Die Präferenzen lassen sich in vier Bereiche zusammenfassen:

- **Wahrnehmung**
- **Motivationsfaktoren**
- **Motivationsverarbeitung**
- **Informationsverarbeitung**

Diese Einteilung ist sicherlich auch anders möglich. In der Praxis hat sie sich jedoch als nützlich erwiesen.

6.1 Wahrnehmung

Sinneskanal

Denkstruktur:	Sinneskanal
Bestimmung:	Welchen Sinneskanal bevorzugen wir?
	Denken wir schnell?
	Suchen wir Harmonie?
	Streben wir nach Dominanz?
Präferenzen:	Sehen
	Hören
	Fühlen
Frage:	(Wird durch Beobachtung festgestellt)
Sehen:	Redet sehr schnell, benutzt visuelle Wörter
Hören:	Redet melodisch, benutzt auditive Wörte
Fühlen:	Redet langsam, benutzt kinästhetische Wörter

Wie kann man „Denken" in einem Satz definieren? Ganz einfach: Es ist der innere Gebrauch von Bildern, Tönen und Gefühlen. Dies ist sozusagen die Grobstruktur des Denkens. Der Rest ist die Feinstruktur. Beim Sinneskanal geht es vor allem darum, wie wir die Welt wahrnehmen, welchen Sinneskanal wir dabei bevorzugen. Dies hat schon erhebliche Auswirkungen auf unser Denken.

Man kann es auch an der Sprechweise der Menschen erkennen. Wesentlich sind die drei Hauptkanäle des Menschen: Sehen – Hören – Fühlen. Die beiden anderen Kanäle, Riechen und Schmecken, werden beim Fühlen mit subsumiert, da sie eng miteinander verwandt sind. Das kann man leicht nachvollziehen, wenn man sich vorstellt, über einen Weihnachtsmarkt spazieren zu gehen: Bei all den Gerüchen wird der ein oder andere sich sicherlich urplötzlich in seine eigene Kindheit zurückversetzt fühlen.

Sehen

Menschen, die das Sehen bevorzugen, erkennt man auch leicht an der schnellen Sprechweise. Der Hintergrund: Ein Bild sagt mehr als tausend Worte, und Bilder können blitzschnell wechseln. Wenn diese Menschen also auch nur annähernd all das mitteilen wollen, was sie an inneren Bildern haben, so müssen sie naturgemäß sehr schnell reden.

Das bedingt außerdem eine Atmung, die vornehmlich im Brustbereich passiert. Die Augen schauen häufig nach oben. Es werden Redewendungen wie: „Davon kann ich mir noch kein Bild machen", „Na klar!", „Das sehe ich auch so" etc. benutzt.

Für solche Menschen ist es wichtig, sich ein Bild von den Dingen zu machen. Sie lernen am leichtesten, indem sie zuschauen, sich eine Skizze machen oder sonstige visuelle Eindrücke verarbeiten. Sehorientierte Menschen denken häufig sehr schnell, insbesondere wenn sie auch noch global orientiert sind.

Hören

Menschen, die das Hören bevorzugen, erkennt man an einer melodischen Sprechweise. Sie reden deutlich langsamer als visuelle Menschen und setzen auch gekonnt Pausen. Ihre Atmung liegt im Zwerchfellbereich. Die Augen schauen häufig nach rechts oder links. Es werden Redewendungen wie: „Das hört sich für mich harmonisch an", „Das ist stimmig!", „Das klingt gut" etc. benutzt.

Für solche Menschen ist es wichtig, dass sich die Dinge gut anhören. Sie lernen am leichtesten, indem sie zuhören oder sonst wie auditive Eindrücke verarbeiten. Hörorientierte Menschen suchen häufig Harmonie in ihrem Leben. Deswegen achten sie beispielsweise auf die Melodie der Sprache. Denkpräferenzen im Bereich der Motivationsfaktoren oder -verarbeitung haben jedoch im Allgemeinen Vorrang vor der Suche nach Harmonie.

Fühlen

Menschen, die das Fühlen bevorzugen, erkennt man an einer langsamen Sprechweise. Sie reden sehr langsam und machen häufig Pausen in ihren Ausführungen. Ihre Atmung liegt im unteren Bauchbereich. Die Augen schauen häufig nach unten. Es werden Redewendungen wie: „Das kann ich noch nicht begreifen", „Das hab' ich im Griff!", „Das fühlt sich gut an" etc. benutzt.

Für solche Menschen ist es wichtig, dass sie ein Gefühl zu den Dingen bekommen. Sie lernen am leichtesten, indem sie selbst Hand anlegen und es ausprobieren.

Interessanterweise haben Menschen mit hohen Werten in Fühlen eine Tendenz zur Dominanz. Dabei gilt es, Dominanz absolut wertfrei zu betrachten, denn es gibt verschiedene Arten, dominant zu sein. Zum einen kann man dominant sein, ohne dominieren zu wollen, andererseits kann man natürlich auch dominieren wollen.

Den Unterschied erkennt man, wenn eine echt charismatische Person bescheiden einen Raum betritt. In aller Regel drehen sich alle um und freuen sich, dass diese Person da ist. Dies ist die angenehme Variante von Dominanz. Oder es betritt eine Person einen Raum und pfeift alle zusammen. Diese Person dominiert auch, allerdings bei Weitem nicht so angenehm wie in der ersten Variante.

Die genauen Unterschiede werden später im Kapitel Dominanz behandelt.

Sinneskanal in der Praxis

Wenn Menschen, die das Sehen bevorzugen, mit Menschen reden, die das Fühlen vorziehen, werden sie schnell nervös. Es ist für sie sehr anstrengend, ihrem Gesprächspartner zu folgen. Sie werden schnell ungeduldig, weil sie es gewohnt sind, mehr Informationen pro Zeiteinheit zu verarbeiten. Umgekehrt hat der

Fühlende Schwierigkeiten, dem Sehenden zu folgen, da dieser so unglaublich schnell redet, und kann sich dadurch gestresst fühlen.

Menschen, die das Hören bevorzugen, schauen in Gesprächen andere Menschen insbesondere dann nicht an, wenn sie sich konzentrieren wollen. Menschen mit der Präferenz Sehen interpretieren dies leicht als ein Nichtzuhören, da sie selber Menschen beim Sprechen ansehen und erwarten, dass andere es beim Sprechen ebenso tun.

Von der Sprechweise her ist der Abstand zwischen Menschen, die Hören, und solchen, die Sehen oder Fühlen bevorzugen, deutlich geringer. Jedoch kann es in allen Fällen durch das jeweils andere Vokabular zusätzlich zu Kommunikationsschwierigkeiten kommen. Solche Schwierigkeiten zeigen sich meist mit Menschen, die einen Sinneskanal bevorzugt benutzen, den man selbst am wenigsten benutzt. Es werden dann von uns einige Anstrengungen zum Übersetzen in den eigenen Wortschatz abverlangt. Es ist, als ob man jemandem in einer anderen Sprache zuhört. So kann es passieren, dass man sich gegenseitig einfach nicht versteht, obwohl man doch eigentlich die gleiche Sprache spricht.

Glücklicherweise sind Menschen, die einem einzigen Sinneskanal verhaftet sind, sehr selten. Gute Kommunikatoren sind auf allen drei Sinneskanälen sehr flexibel. Durch diese Flexibilität erreichen sie in jedem Fall den bevorzugten Sinneskanal ihres Gegenübers. Diese Flexibilität im Sinneskanal ist der erste von mehreren Indikatoren für gute Kommunikationsfähigkeit.

Unternehmen, die gute Kommunikatoren auf bestimmten Arbeitsplätzen suchen, sollten also darauf achten, dass die Bewerber flexibel in den Sinneskanälen sind.

Primäres Interesse

Denkstruktur:	Primäres Interesse
Bestimmung:	Worauf richten wir unsere Sinneskanäle?
Präferenzen:	Menschen
	Orte
	Aktivitäten
	Wissen
	Dinge
Frage:	(Wird durch Beobachtung festgestellt)
	Je nach Interesse redet der Beobachtete.

Menschen:	Darüber, wer alles dabei war
Orte:	Über das Ambiente
Aktivitäten:	Über das, was alles gemacht wurde
Wissen:	Über neue Informationen, über das, was man lernen und erfahren konnte
Dinge:	Über Computer, Autos, Schmuck etc.

Ging es zuvor um die Frage, welchen Sinneskanal wir bevorzugen, so fragen wir hier: Worauf richten wir unsere Sinneswahrnehmung? Anfang der 1980er-Jahre trafen sich die beiden befreundeten Kommunikationstrainer Leslie Cameron und Steve Andreas privat samt Familie. Nach dem Kaffeetrinken half der Gast der Gastgeberin beim Abwasch in der Küche. Die Gastgeberin sagte: „Ist das nicht toll da draußen?" Der Gast pflichtete ihr bei: „Ja, das ist ein wirklich toller Landschaftsausblick!" Interessant für beide war dann festzustellen, dass die Gastgeberin eigentlich meinte, wie toll die Kinder miteinander spielen.

Als Kommunikationsprofis gingen sie der Sache auf den Grund und stellten fest, dass das „Merriam-Webster's Dictionary for Conversational Language" Hauptwörter in fünf Kategorien einteilt: Menschen, Orte, Aktivitäten, Wissen und Dinge. Das sind alle Möglichkeiten von Gegenständen und Lebewesen, die wir wahrnehmen können. Tiere fallen hierbei für manche wie auch juristisch unter „Dinge". Für andere Menschen sind sie Kindes- oder Freundesersatz oder einfach Lebewesen mit eigenem Charakter und fallen für sie eher unter die Kategorie „Menschen". Das mag ein jeder nach seiner Vorliebe entscheiden.

Eine Person, die jemanden trifft, bei der sie nicht sofort weiß, um wen es sich handelt, wird je nach Präferenz unterschiedliche Überlegungen anstellen, um eine Antwort zu finden:

Menschen:	„Durch wen kenne ich sie oder ihn?"
Orte:	„Wo habe ich sie oder ihn getroffen?"
Aktivitäten:	„Bei was getroffen?
Wissen:	„Was hat er gesagt?" oder
	„Was weiß ich über ihn?"
	„In welcher Farbe war er gekleidet?"
Dinge:	„Was hatte er an?"
	(Markenanzug, Schmuck etc.)

Menschen

Jemand, der seine Aufmerksamkeit auf Menschen richtet, will bei seiner Arbeit vor allen Dingen Kontakt zu Menschen. Menschen mit dieser Denkpräferenz können sich grundsätzlich in Kombination mit der Sinnespräferenz „Hören" Namen und/oder in Kombination mit der Sinnespräferenz „Sehen" Gesichter gut merken. **Sie sind personenorientiert.**

Orte

Für Menschen mit dieser Denkpräferenz liegt die Hauptaufmerksamkeit auf der Umgebung. Sie kennen sich in neuen Situationen gut aus. Sie haben einen Sinn für räumliche Gestaltung oder einen guten Orientierungssinn. Sollten Sie sich mit diesen Menschen verabreden, so tun Sie gut daran, ein schönes Ambiente auszusuchen. **Ihnen ist wichtig, wo ihr Arbeitsplatz ist, welches Ambiente er hat und welchen Ausblick sie von dort haben.**

Aktivitäten

Menschen, die auf Aktivitäten achten, haben hauptsächlich Interesse an dem, was sie tun können. Sie sind auch bei der Arbeit gern in Bewegung, sie interessieren sich für das „Wie", „Was" und „Woran" sie gerade beteiligt sind. **Ihnen ist es wichtig, was sie unternehmen können.**

Wissen

Menschen, die auf Wissen achten, interessiert am meisten, was sie an Informationen über die betreffende Situation in Erfahrung bringen können. Sie interessieren sich für die Geschichte der Firma, für die relevanten Zahlen und Fakten. Auch sind genaue Zeitangaben für sie interessant. **Sie möchten grundsätzlich in einer neuen Situation beziehungsweise am Arbeitsplatz etwas lernen.**

Dinge

Menschen, die auf Dinge achten, interessiert am meisten, mit welchen Gegenständen (Autos, Computer oder andere technische Geräte, Schmuck etc.) sie hier arbeiten können. Sie freuen sich besonders, wenn sie mit solchen Geräten umgehen können, die sie interessieren. **Sie achten zuerst auf konkrete Gegenstände.**

Primäres Interesse in der Praxis

Primäres Interesse ist nicht nur wichtig im Smalltalk, sondern letztendlich überall dort, wo miteinander kommuniziert wird. Personen, die miteinander reden und ihre verschiedenen Interessen nicht wertschätzen, halten nicht viel voneinander oder reden zumindest aneinander vorbei. Stellen Sie sich doch einfach mal vor, der eine ist nur an Menschen interessiert und der andere nur an Dingen. So redet der eine eventuell nur über die Menschen, die er kennt, und der andere nur über Computer. Was glauben Sie, was die beiden dann voneinander halten?

Ich untersuchte einmal die Denkpräferenzen eines Managers in Hamburg. Er hatte ungewöhnlich hohe Werte bei „Orte". Er war sehr unglücklich über sein gerade neu eingerichtetes Büro. Als ich es betrat, wusste ich warum: Die Firma war gerade umgezogen. Zuvor hatte er einen Blick über den Hamburger Hafen, nun in einen Innenhof.

Perspektive

Denkstruktur:	Perspektive
Bestimmung:	Aus welcher Perspektive nehmen wir die Welt wahr?
	Nehmen wir eigene Bedürfnisse wahr?
	Die Bedürfnisse von anderen?
	Können wir in eine distanzierte Position zu allem gehen?
Präferenzen:	Eigen
	Gegenüber
	Beobachter
Frage:	(Wird durch Beobachtung festgestellt)
Eigen:	Betrachtet die Welt aus der eigenen Perspektive, nimmt eigene Bedürfnisse wahr
Gegenüber:	Kann sich in andere hineinversetzen, fühlt mit anderen mit
Beobachter:	Ist in der Lage, sich innerlich zu distanzieren, ist sich selbst und anderen gegenüber distanziert

Hier geht es um die Frage, aus welcher Perspektive wir das wahrnehmen, was uns interessiert. Hierzu gibt es drei Möglichkeiten: die eigene, die des Gegenübers oder die eines Außenstehenden, eines neutralen Beobachters. Es hat viel Aussage-kraft über Stressbewältigung, Kunden- und Serviceorientierung und Konflikt-fähigkeit. Die Konfliktfähigkeit steigt mit der Fähigkeit, flexibel durch alle Per-spektiven zu wechseln.

Eigen

Dies ist die emotionale Perspektive. Wir sind mit unseren eigenen Werten und Gefühlen verbunden. Diese Perspektive ist wichtig, um sich selbst und die eigenen Bedürfnisse wahrzunehmen.

Gegenüber

Dies ist die empathische Perspektive. Wir sind mit Werten und Gefühlen unseres Gegenübers verbunden. Ist jemand ausschließlich in dieser Perspektive, kann es zum Burn-out kommen. Diese Perspektive ist wichtig, um andere zu verstehen. Gute Berater und Verkäufer gehen häufig in diese Position.

Beobachter

Dies ist die neutrale Perspektive. Sie ist mit keinerlei Gefühlen verbunden. Diese Perspektive ist wichtig, um zu verstehen, wie man mit seinem Gegenüber umgeht. Da diese Position emotionslos ist, hilft sie, auch in sehr brisanten Situationen „cool" zu bleiben. Die Beobachter-Perspektive ist beispielsweise bei Fluglotsen etc. sehr wünschenswert, während ich sie mir als Klient bei einem Therapeuten als stark bevorzugte Perspektive weniger wünschen würde.

Perspektive in der Praxis

Kommunikationsstarke Menschen sind in der Lage, jederzeit zwischen diesen drei Perspektiven hin und her zu schalten. Manche Menschen sind jedoch einer Per-spektive verhaftet, und dies hat Konsequenzen. Verbleibt jemand in der eigenen Per-spektive, so werden die Bedürfnisse anderer übersehen. Kann jemand dagegen die Gegenüber-Perspektive nicht verlassen, führt dies dazu, dass er oder sie sich selbst vergisst und mit anderen „mit-leidet". Jemand, der ausschließlich in der Beobachter-Position verbleibt, wird das Leben ohne Emotionalität an sich vorbeiziehen lassen.

In einem Unternehmen hatte einer meiner Kollegen festgestellt, dass die Top 20 der Führungskräfte die Gegenüber-Perspektive bevorzugten und auch ansonsten sehr ähnlich in ihren Präferenzen waren. Dies verleitete ihn dazu, den Personalchef zu fragen: „Kann es sein, dass hier Angelegenheiten, die schiefgelaufen sind, mal schnell unter den Teppich gekehrt werden?" Der bekam daraufhin große Augen und fragte: „Woher wissen Sie das?" Na woher wohl? Alle waren sehr empathisch miteinander. Keiner wollte dem anderen wehtun. Also wurden Dinge unter den Teppich gekehrt.

Dass die Führungskräfte sehr ähnlich in ihren Präferenzen waren, war wohl eine Folge des Recruiting-Prozesses. Menschen neigen dazu, andere dann als kompetent einzuschätzen, wenn sie die gleichen Präferenzen wie sie selbst haben. Da diese Führungskräfte seit mindestens 15 Jahren im Unternehmen waren und somit auch ein Stück weit durch die vorherrschende Unternehmskultur geprägt wurden und nun in Positionen waren, in der sie selber die Kultur des Unternehmens prägten, konnten wir mit einigem Recht behaupten, hier die Kultur des Unternehmens ein Stück weit erfasst zu haben.

Gute Kommunikatoren sind in allen drei Perspektiven sehr flexibel. Durch diese Flexibilität sind sie in der Lage, mit ihren eigenen Bedürfnissen verbunden zu sein, sich in ihr Gegenüber hineinzuversetzen und dabei auch noch den gegenseitigen Umgang miteinander im Auge zu haben. Diese Flexibilität in der Perspektive ist der zweite von mehreren Indikatoren für gute Kommunikationsfähigkeit.

Unternehmen, die gute Kommunikatoren auf bestimmten Arbeitsplätzen suchen, sollten also darauf achten, dass die Bewerber flexibel in der Perspektive sind.

6.2 Motivationsfaktoren

Werte

Denkstruktur:	Werte
Bestimmung:	Was sind unsere Kriterien zur Beurteilung von Situationen?
Präferenzen:	Zielwerte
	Erhaltungswerte
Frage:	Was ist Ihnen wichtig an ...?
Zielwerte:	Kriterien, die erreicht werden sollten
Erhaltungswerte:	Kriterien, die nicht verletzt werden sollten

Werte sind eine Art Kompass für Menschen, die in die Richtung zeigen, wohin sich jemand bewegen sollte. Sie entspringen dem emotionalen Bereich und sind Botschaften des Unbewussten. Sie sind Maßstäbe und helfen uns, etwas zu bewerten. Sie sind Einteilungskriterien für Qualität und Nichtqualität.

Für den Einzelnen ist es wichtig, darauf zu achten, dass die eigenen Werte sowohl durch die Umwelt als auch durch eigenes Handeln respektiert und gefördert werden. Durch das Ignorieren der eigenen Werte entsteht Unzufriedenheit. Zufriedenheit im Leben und im Beruf hängt maßgeblich damit zusammen, mit den eigenen Werten verbunden und mit ihnen im Einklang zu sein.

Da Werte eine unterschiedliche Priorität haben können, geht man im Allgemeinen davon aus, dass es eine sogenannte Wertehierarchie gibt. Das stimmt, ist aber nur die halbe Wahrheit. Wenn man sich vorstellt, dass für einen Menschen beispielsweise der Wert „Freiheit" der absolute Topwert wäre, der eine Wert, nach dem lange nichts anderes kommt. Dann wäre dieser Mensch beim Erreichen dieses Wertes „Freiheit" irgendwo ganz allein verloren im Weltall. Denn nur dann wäre er wirklich frei von allen und allem anderen.

Das will aber wohl niemand. So gibt es zu jedem Wert einen Gegenwert. Dies könnte in diesem Falle beispielsweise „Bindung" sein. Dieser Wert sorgt dafür, dass die Werte in Balance bleiben. Das kann man sich wie eine Art Wippschaukel vorstellen.

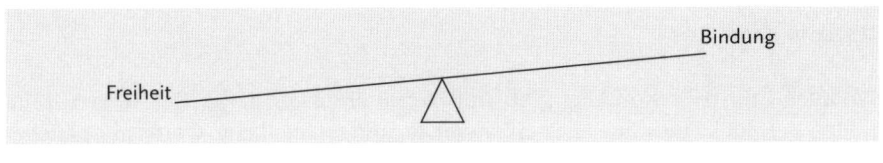

Sind die Werte nicht in Balance zueinander, fühlt sich der Mensch auch nicht in Balance. Um Zufriedenheit und Glück zu erfahren, ist es wichtig, mit seinen eigenen Werten verbunden zu sein und sie zu leben. Dies gilt für alle Bereiche des Lebens, beruflich ebenso wie privat.

Hier unterscheiden wir zwei verschiedene Kategorien von Werten: Zielwerte und Erhaltungswerte.

Erhaltungswerte

Sie werden eher stillschweigend vorausgesetzt. Werden diese Erhaltungswerte verletzt, reagieren Menschen sofort empfindlich bis aggressiv, denn Erhaltungswerte entsprechen grundlegenden inneren, psychologischen Bedürfnissen. Aus der Sicht der Person, die diese Erhaltungswerte hat, ist es die Voraussetzung ihrer Arbeitsfähigkeit.

Jemand, der Ordnung als Erhaltungswert hat, geht davon aus, dass er nur dann gute Arbeit leisten kann, wenn Ordnung vorhanden ist.

Zielwerte

Berufsbezogene Zielwerte sind das, was man im beruflichen Umfeld erreichen möchte. Wird es auf Dauer nicht erreicht, so wird man frustriert. Hat jemand Ordnung als Zielwert, so wird er auch unter „unordentlichen Umständen" arbeiten können. Es ist ihm jedoch ein großes Anliegen und erfüllt ihn mit Befriedigung, Ordnung herzustellen.

Daraus wird ersichtlich, dass gewisse Erhaltungswerte immer zuerst sichergestellt werden müssen, da Menschen erst dann die Kapazität frei haben, Zielwerte zu erfüllen. Ziel und Erhaltungswerte können bei einer Person identisch sein. Dies ist mir in der Praxis bislang aber nur einmal begegnet. Diese Person hatte Theologie studiert und hatte sich von daher sehr mit ihren Werten auseinandergesetzt.

Werte in der Praxis

Wo auch immer es Konflikte gibt, sind Werte die Basis dafür. Bei inneren Konflikten geschieht dies am ehesten, wenn es unterschiedliche Werte mit gleicher

Priorität gibt. Zum Beispiel wenn jemand nach einer längeren Schlechtwetterperiode bei schönem Wetter im Büro sitzt und so etwas Spannendes wie die monatliche Statistik fertigt (diejenigen, denen so etwas tatsächlich Spaß macht, ersetzen „Statistik" bitte durch eine andere Tätigkeit, die einfach nur gemacht werden muss) und dann denkt: „Eigentlich würde ich ja viel lieber einfach nach draußen gehen und das tolle Wetter genießen, insbesondere weil es ja schon morgen wieder regnen soll." Entscheidet man sich rauszugehen, kann man das auch nicht wirklich genießen, denn da gibt es die kleine Stimme im Hinterkopf: „Eigentlich müsstest du jetzt die Statistik machen!"

Bei externen Konflikten können folgende Ursachen vorliegen:

1. *Werte haben unterschiedliche Priorität*
   Zwei Menschen haben die gleichen Werte, beispielsweise „Anerkennung" und „Selbstverwirklichung". Beide Personen belegen sie aber mit unterschiedlicher Priorität. Für den einen ist „Aufgabenerfüllung" wichtiger als „gute Beziehung", für den anderen ist es umgekehrt. Kommen nun beide in eine Situation, in der sie sich nur für eines von beiden entscheiden können, kommt es zum Konflikt.

2. *Eine Person hat Werte, welche die andere nicht teilt*
   Dieser Konflikt wird noch größer, wenn der eine ausschließlich „gute Beziehung" und der andere nur „Aufgabenerfüllung" als Wert hat. Beide werden dann wahrscheinlich keinerlei Verständnis füreinander haben.

3. *Wertedefinition ist unterschiedlich*
   Haben beide den gleichen Wert „Freundschaft", kann es immer noch zu einem Konflikt kommen, weil beide den gleichen Wert anders definieren. Der eine könnte sagen: „Bei Geld hört die Freundschaft auf." Und der andere: „Bei Geld beweist sich Freundschaft erst."

4. *Wertetoleranz ist unterschiedlich*
   Hier ist die Frage, in welchem Maße jemand die Werte eines anderen, die grundverschieden von den eigenen sind, tolerieren kann.

Werte schweißen zusammen

Anfang der 1980er-Jahre gab es in Bonn (ehemalige Hauptstadt der Bundesrepublik Deutschland) die größte Demonstration, die es dort je gegeben hatte. 300 000 Menschen marschierten durch Bonn (mit 250 000 Einwohnern!!!) und demonstrierten gegen die Einführung der Pershing-II-Raketen. Die Bundesregierung unter dem damaligen Kanzler Helmut Schmidt wollte sie einführen. Trotz des damals sehr brisanten Themas gab es zum allgemeinen Erstaunen keinerlei Gewalt bei dieser Demonstration – ganz im Gegensatz zu den Studentendemonstrationen Ende der 1960er. Was war der Unterschied?

Bei den Studentendemonstrationen gab es einen großen Wertekonflikt. Die junge Generation lehnte die Werte der alten Generation rundweg ab. Man wollte etwas völlig Neues schaffen. Dabei hatte man alte Gesellschaftsnormen (Stichwort Emanzipation) und Moralvorstellungen („Wer zweimal mit derselben pennt, gehört zum Establishment") ebenso im Visier wie die Politik. Auf beiden Seiten (Jung und Alt) gab es völlig verschiedene Wertvorstellungen, sowohl bei den Ziel als auch bei den Erhaltungswerten. Daher gab es auch viel Gewalt von beiden Seiten.

Als sich infolge dieser Auseinandersetzung Teile der Wertvorstellungen der jüngeren Generation durchsetzten, klagte die ältere Generation über einen Werteverlust. Es ist jedoch wichtig zu verstehen, dass es niemals einen Werteverlust gibt. Sehr wohl gibt es jedoch einen ständigen Wertewandel; denn die alten Werte werden immer durch andere neue Werte ersetzt. Wenn dieser Wandel abrupt stattfindet, wird er von denen, die die alten Werte vertreten, als Werteverlust empfunden.

Bei den Friedensmärschen hatten beide Seiten den gleichen Wert: Frieden. Beide Seiten (Regierung und Demonstranten) standen der jeweils anderen Seite zu, dass sie sich für den Frieden einsetzt. Es gab lediglich unterschiedliche Überzeugungen darüber, wie man Frieden am besten erreicht beziehungsweise sichert. Die Demonstranten waren der Überzeugung, es sei einfacher und besser ohne Pershing-II-Raketen, während die Bundesregierung der Auffassung war, dies sei besser mit Pershing-II-Raketen zu erreichen. Mit anderen Worten, es gab hier keinen Wertekonflikt, sondern nur eine Auseinandersetzung über den besseren Weg, den gemeinsamen Wert zu erreichen. Folglich gab es auch von keiner Seite Gewaltausübung.

Nun könnte man sagen: Na ja, in der Politik ist das schon wichtig, aber innerhalb eines Unternehmens? Gerade hier ist es besonders wichtig, auf die Werte zu achten. Es ist für viele Firmen schwer, sich auf dem Markt zu behaupten. Es gibt sicherlich schon genügend Auseinandersetzungen über die verschiedensten Sachfragen innerhalb des Unternehmens. Gibt es jedoch keine allgemeingültige Wertestruktur im Unternehmen, so ist dies der Nährboden für größere Konflikte einschließlich Mobbing. Dies hat schon so manche Firma in den Ruin getrieben oder zumindest zur Auflösung ganzer Abteilungen oder Bereiche geführt.

Eine allgemeingültige Wertekultur erreicht man nicht dadurch, dass sie auf schönen Hochglanzprospekten gedruckt ist und man diese jedem Mitarbeiter überreicht. Sie

muss auch gelebt werden. Sonst ist das Unternehmen inkongruent mit seinen eigenen Werten.

Es gibt propagierte Werte (zum Beispiel auf Hochglanzprospekten), und es gibt gelebte Werte. Beides gibt es jeweils auf Unternehmensseite und auf der Seite der Mitarbeiter. Das Feld, das zwischen diesen vier Polen entsteht, ist das Feld der Inkongruenz. Dieses Feld muss nicht unbedingt viereckig sein. Sind zum Beispiel die propagierten Werte des Unternehmens mit denen der Mitarbeiter identisch, so verkürzt sich dieser Abstand, und es entsteht ein Dreieck. Das Feld kann als Umriss also auch ein Trapez oder ein Dreieck bilden. Das Ziel sollte in jedem Fall sein, die Fläche so klein wie möglich zu halten. Es nutzt wenig, wenn sich ein Unternehmen „Kundenorientierung" auf die Fahne schreibt und die eigenen Mitarbeiter wie den letzten Dreck behandelt. Erst wenn das Unternehmen diese Kundenorientierung mit ihren eigenen Mitarbeitern praktiziert, können diese das auch kongruent nach außen vertreten. Kunden merken so etwas sehr schnell. Die Mitarbeiter sowieso.

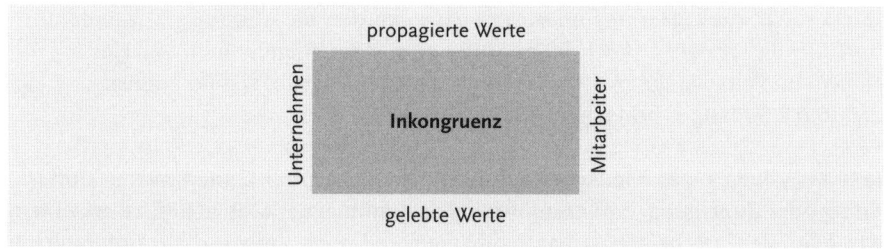

Ein Teilnehmer meiner Trainings arbeitet als Produktmanager in einem japanischen Unternehmen. Vor ein paar Jahren spielte er mit dem Gedanken, das Unternehmen zu verlassen. Da bekam er vom Vertrieb ein Gerät, das aufgrund eines verdeckten Produktionsmangels fünf Jahre nach Verkauf defekt war. Ein Stromkabel hatte sich blank gescheuert und setzte das Gehäuse unter Strom. Das hätte schlimme Folgen haben können. Die Firma hatte sich auf die Fahne geschrieben: „Niemals darf ein Produkt unserer Firma einen Menschen verletzen!" Dies hing auf großen Postern überall in der Firma. Nun wollte er es wissen. Er ging mit dem Gerät zu seinem japanischen Vorgesetzten und fragte ihn, wie ernst es der Firma damit sei und ob sie nun das Gerät reparieren würden, obwohl die Garantie seit Jahren abgelaufen war. Die Firma nahm es sehr ernst. Sie schickte dem Kunden kostenlos ein neues Gerät aus der neuesten Modellreihe mit wesentlich besseren Features als das alte Gerät gehabt hatte. Das hat meinen Teilnehmer überzeugt, und er ist auch heute noch ein wichtiger Mitarbeiter dieses Unternehmens. Das passiert, wenn eine Firma wirklich kongruent mit ihren Werten handelt.

Motive

Denkstruktur:	Motive
Bestimmung:	Was treibt uns an?
	Wollen wir Einfluss, gemocht werden oder Wettbewerb?
Präferenzen:	Einfluss (Macht)
	Zuneigung (Bindung)
	Erfolg (Leistung)
Frage:	(Wird durch Beobachtung festgestellt)
Einfluss:	Will Einfluss und Kontrolle ausüben
Zuneigung:	Will gemocht werden
Erfolg:	Will sich über Leistung beweisen

Zwei Forscher haben unabhängig voneinander festgestellt, dass es drei Grundmotive gibt: David McClelland[17] (MIT Boston) nennt sie „Macht", „Bindung" und „Leistung"; Norbert Bischof[18] (Universität Zürich) nennt sie „Autonomie", „Sicherheit" und „Herausforderung". Hier werden sie „Einfluss", „Zuneigung" und „Erfolg" genannt. Auch beim Motiv gibt es im Allgemeinen ein Haupt-, ein Neben- und ein weniger relevantes Motiv. Motive sind sehr stabile Präferenzen, die dadurch sehr lange vorhersagbar sind.

Jede Handlung eines Menschen ist auf eines dieser drei Grundmotive, Einfluss, Erfolg oder Zuneigung, zurückzuführen. Die Kenntnis der Motive hilft zu erkennen, wie man sich am besten selber motivieren und auch andere darin unterstützen kann, sich zu motivieren.

Einfluss

Manche Menschen werden insbesondere durch den Willen zur Einflussnahme motiviert. Dies ist wohl besonders häufig bei Politikern zu finden.

Für Führungskräfte ist es wichtig, beeinflussen zu wollen, denn sonst laufen sie Gefahr, nicht zu führen, sondern geführt zu werden. Ihre Stärke ist es, zu führen und die Dinge gegebenenfalls mit Nachdruck zu betreiben.

Sind Führungskräfte jedoch allein auf Macht aus, so werden sie schnell zu Tyrannen im eigenen Haus. Sie denken dann auch häufig in Konkurrenz- und Gewinner-Verlierer-Kategorien.

Zuneigung

Hinter diesem Motiv steckt die Bindung und das „Dazugehörenwollen" – es gibt Führungskräfte, die wollen von ihren Mitarbeitern einfach nur geliebt werden. Sie fühlen sich als gute Väter oder Mütter dieser Organisation. Sie denken in der Zusammenarbeit in Win-win-Strukturen und sind oft sehr kooperativ.

Ist das Motiv „Zuneigung" bei einer Person im Vergleich zu den anderen beiden sehr niedrig, so hat sie keinerlei Angst vor Zurückweisung. Ein solcher Mensch gibt wenig darauf, was man von ihm hält.

Erfolg

Hier herrscht Freude am fairen Wettbewerb (nicht Konkurrenz) vor. Solche Personen wollen sich durch Leistung beweisen. Ihnen ist es wichtig, Ziele oder Lösungen zu erreichen.

Ist eine Gruppe ausschließlich leistungsorientiert, dann herrscht ein gnadenloser Wettbewerb.

Motive in der Praxis

Einfluss-Mitarbeiter wollen Aufgaben, bei denen sie kontrollieren können. Sie brauchen das Gefühl, sie können etwas im Unternehmen bewegen und können dadurch Prozesse, Projekte in ihrem Sinne auch steuern. Es ist jedoch darauf zu achten, dass diese Mitarbeiter persönlich bereits so weit entwickelt sind, dass „im eigenen Sinne" mehr ist als nur „zum eigenen Nutzen". Zuneigungs-Mitarbeiter wollen für ihre Arbeit Zuneigung erhalten. Ihre Stärke ist es, Rücksicht auf andere zu nehmen. Sie verhalten sich gegenüber der Gemeinschaft, der sie sich zugehörig fühlen (z. B. dem Unternehmen, der Abteilung), sehr loyal. Führungskräfte mit dieser Präferenz werden, falls notwendig, trotzdem unpopuläre Maßnahmen ergreifen können. Sie schicken dann aber andere vor, um diese zu verkünden und durchzusetzen.

Erfolgs-Mitarbeiter lieben den Wettbewerb, Rankings, Aufgaben, die messbar und damit auch qualifizierbar sind. Ihr Antrieb sind der Erfolg und konkrete Ergebnisse, und die sollte man ihnen auch ermöglichen. Sie sind im Gegensatz zu einflussorientierten Menschen wesentlich eher in der Lage, zugunsten der Sache persönliche Belange zurückzustellen.

Hat eine Führungskraft sehr hohe Werte bei Einfluss und Erfolg bei gleichzeitig sehr niedrigen Werten bei Zuneigung, so kämpft sie sehr wahrscheinlich um Macht und Einfluss. Die Akzeptanz anderer ist ihr weit weniger wichtig, als ihre Ziele zu erreichen. Sie hat mit hoher Wahrscheinlichkeit Konflikte mit Kolleginnen und Kollegen. Als Führungskraft wird sie eher nicht beliebt sein und vermutlich als kalt, distanziert oder hart beschrieben. Manche Menschen haben hohe Werte in Einfluss und Zuneigung und niedrige Werte bei Erfolg. Das heißt nicht, dass ihnen Erfolg unwichtig ist. Sie sind oft einfach der Überzeugung: „Wenn ich bestimmen kann und wir uns im Team gut verstehen, dann stellt sich der Erfolg von ganz alleine ein!"

Für Führungskräfte ist die Kenntnis der Ausprägung der Grundmotive entscheidend für die Mitarbeitermotivation beziehungsweise Teammotivation. Dabei ist wichtig zu beachten, dass jegliche Motivation von außen letztendlich in Demotivation endet (Sprenger[19]). Im Grunde geht es darum, Menschen zu helfen, sich selbst zu motivieren. Dies geht natürlich ungleich leichter, wenn man die Motivstruktur seiner Mitarbeiter kennt. Während Motive sehr lange vorhersagbar sind, ist dies bei der Motivation nicht machbar. Motivation ist sehr instabil und kann sich von einem Moment zum nächsten ändern. Dies liegt vor allem daran, dass sie von so vielen verschiedenen Faktoren abhängig ist. Dennoch macht es Sinn, sie zu messen. Wir kennen es alle aus einem Krimi: Viele hatten ein Motiv, aber nur einer entwickelte die Motivation, die Tat zu begehen. Ein Motiv liegt vor, wenn es ein Bedürfnis und ein Ziel gibt. Dies sind Faktoren. Ist entweder das Bedürfnis oder das Ziel gleich null, so ist auch das Motiv gleich null. Gibt es ein Motiv, so müssen noch einige Überzeugungen hinzukommen, nämlich: dass man es kann und dass man es zumindest in diesem Falle darf. Letztendlich muss es mit den eigenen Werten vereinbar sein, dass es also o.k. ist, es zu tun. Auch dies sind alles Motivationsfaktoren. Auch hier darf nichts gleich null sein. Man könnte eine Motivationsformel bildlich so darstellen:

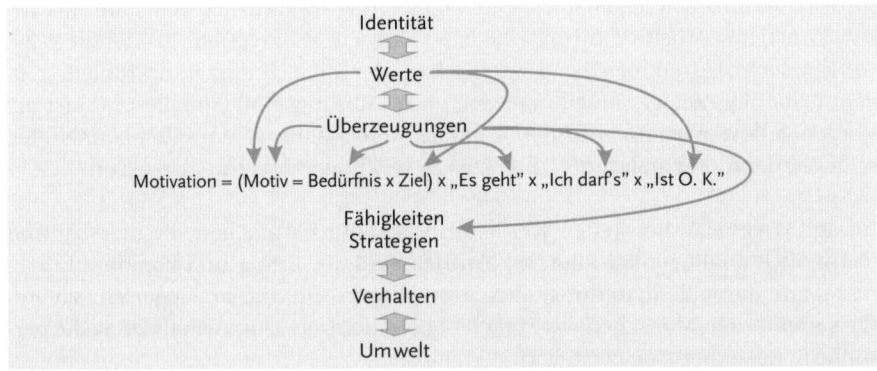

Als ich Dr. Scheffer an der Universität der Bundeswehr in Hamburg kennenlernte, verglich er die Motivation am Arbeitsplatz mit dem Blutdruck im menschlichen Körper. Und kennen Sie vielleicht einen Mediziner, der darauf verzichten würde, den Blutdruck zu messen? Ebenso wichtig ist es, die Motivation der Mitarbeiter und das Arbeitsplatzklima zu messen. Man erhält wichtige Informationen zur Steuerung des Unternehmens und des Engagements der Mitarbeiter. Doch dazu mehr im Kapitel „Arbeitsmotivation messen".

Richtung

Denkstruktur:	Richtung
Bestimmung:	Was bewegt uns, Ziele zu erreichen?
	Denken wir eher problem- oder zielorientiert?
Präferenzen:	Weg-von
	Hin-zu
Frage:	Warum ist Ihnen (Kriterium) wichtig?
Weg-von:	Erwähnt Probleme; „nie", „nicht", „vermeiden"
Hin-zu:	Nennt Ziele

Alle Menschen wollen etwas erreichen. Die Frage ist, was treibt sie dabei an? Probleme zu lösen oder gar noch größere Probleme zu vermeiden? Oder ganz einfach bestimmte Ziele erreichen?

Weg-von

Wenn Sie mit einem Arbeitskollegen in einem Projekt zusammenarbeiten, der die primäre Tendenz „Weg-von" hat, so wird Ihnen auffallen, dass dieser Kollege im Zuge von Diskussionen immer wieder erklärt, warum etwas eher nicht geht, welche Risiken auftreten etc.

„Weg-von"-Menschen sind problemorientiert. In ihrem Kopf läuft eine Problemvermeidungsstrategie ab. Ihre Aufmerksamkeit ist auf Dinge gelenkt, die nicht passieren sollten, da es noch einiges zu beachten gilt. Jede Idee wird auf ihre Tauglichkeit analysiert und auf mögliche Risiken. Dies wird gerade bei Innovationsteams als hemmend empfunden.

Dabei brauchen gerade Mitarbeiter in der Qualitätssicherung, in der Qualitätskontrolle oder im Controlling diese Fähigkeit.

Hin-zu

Wenn Sie mit einem Arbeitskollegen in einem Projekt zusammenarbeiten, der die primäre Tendenz „Hin-zu" hat, so wird Ihnen auffallen, dass dieser Kollege bei Diskussionen immer wieder erklärt, was das eigentliche Ziel ist. Kommen längere Diskussionen über Probleme auf, so wird er den allgemeinen Fokus wieder auf die Ziele lenken wollen. Gelingt dies nicht, wird er ungeduldig oder schaltet innerlich ab.

„Hin-zu"-Menschen konzentrieren sich vor allem auf ein Ziel. Sie interessiert weniger, welche Probleme es gibt oder geben könnte. Probleme sind nur Meilensteine auf dem Weg zum Ziel.

Bei einer übermäßigen Ausprägung allerdings überschattet der Drang, das Ziel zu erreichen, die Sichtweise auf möglicherweise auftretende Probleme. Solche Menschen verhalten sich dann manchmal wie kleine Kinder, denen der Ball über die Straße rollt und die hinterherspringen, um den Ball einzuholen. Dabei achten sie nicht auf den Verkehr.

Richtung in der Praxis

„Weg-von"-orientierte Mitarbeiter werden im Bereich der Qualitätskontrolle und Qualitätssicherung, bei Controllingaufgaben oder in Arbeitsbereichen, die sich mit Sicherheitsfragen beschäftigen, motiviert arbeiten und dadurch höhere und effizientere Leistungen erbringen als in anderen Bereichen.

„Hin-zu"-orientierte Mitarbeiter sind motiviert, wenn sie zielgerichtete Tätigkeiten in ihrem Jobprofil haben. Sie sind Vorantreiber und bringen dort optimale Leistungen, wo es um zielorientiertes Vorgehen und um unbedingte Zielerreichung geht.

Wenn man bedenkt, dass Menschen ihre eigenen Denkweisen auf andere projizieren, kann man folgende Geschichte nachvollziehen: Zwei Menschen, der eine zielorientiert denkend, befragt einen problemorientiert denkenden, um dessen Präferenz herauszufinden: „Was ist dein Ziel?" Sagt der andere: „Dieses Problem zu lösen!" Meint der erste: „Gutes Ziel! Also bist du zielorientiert!"

Als ich diese Geschichte mal einem Unternehmensberater erzählte, meinte der zu mir: „Da hätte ich aber auch gedacht, dass das zielorientiert ist." Ist es natürlich nicht. Ein Problem zu lösen hat damit zu tun, sich von einem Problem wegzubewegen. Der zweite hätte auch sagen können: „Ich will dieses oder jenes Ziel erreichen!" Damit hätte er dann erwähnt, was er statt des Problems haben möchte. Das wäre zielorientiert gewesen.

Doch Vorsicht: Diese beiden Präferenzen sind sehr komplex. Manchmal steht hinter einem vordergründigen „Hin-zu" ein klares „Weg-von" oder umgekehrt. Und dahinter kann sich dann wieder die entgegengesetzte Denkpräferenz verbergen etc. Daher ist es manchmal sehr schwer, Präferenzen bei anderen Menschen zu erkennen.

In Unternehmen wird letztendlich immer beides gebraucht. In modernen Kommunikationslehren und Managementmethoden wird häufig die Zielorientiertheit betont und gelehrt. Ziele zu haben ist wichtig, sowohl im Leben allgemein und natürlich auch im Unternehmen. Nur wenn ich genau weiß, was ich wirklich will, kann ich es auch erreichen. Zielorientierung alleine aber reicht nicht. Wie schon zuvor geschildert, ist jemand zu zielorientiert, übersieht er oft Risiken. Das ist eine der Ursachen für die Finanzkrise in 2008. Menschen sind aufgrund von hohen Gewinnerwartungen hohe Risiken eingegangen. Die Probleme wurden dabei einfach geflissentlich ausgeblendet. Es wurde sich nur auf das Ziel eines möglichst hohen Gewinns fokussiert.

Es ist gut zu wissen, was man nicht will, wenn man sich dann anschließend klarmacht, was man will. Und weiß man nur, was man will, sollte man sich ebenso klarmachen, was man nicht will. Diese Vorgehensweise garantiert, dass man Ziele ohne unangenehme Überraschungen erreicht.

Referenz

Denkstruktur:	Referenz
Bestimmung:	Wie wissen wir, ob wir erfolgreich sind?
	Wollen wir Feedback oder eher nicht?
Präferenzen:	Internal
	External
Frage:	Wie wissen Sie, dass Sie gute Arbeit geleistet haben?
Internal:	Weiß es einfach
External:	Braucht Feedback von anderen, Fakten, Zahlen

Wie beurteilen Menschen die Resultate ihres Handelns? Manche haben ein inneres Wissen darüber, was sie gut und richtig gemacht haben, andere suchen die Bestätigung von außen.

Internal

Internale Menschen schätzen ihre Leistung oder ein Arbeitsresultat selber für sich ein. Sie haben eine Autonomie in ihrer Beurteilung. Bei starker Ausprägung tun sich solche Menschen schwer, von anderen Vorschläge anzunehmen oder mit einem Feedback umzugehen, das sie erhalten. Erhalten sie ein Feedback, so denken sie zunächst darüber nach, inwieweit der Feedbackgeber kompetent ist.

External

Externale Menschen brauchen Feedback von außen. Sie sind geradezu darauf angewiesen, dass das Gegenüber ihre Resultate beurteilt. Und sie sind kaum in der Lage, ihre Leistung selber einzuschätzen.

Referenz in der Praxis

Im konkreten Arbeitsalltag hat die Zusammenarbeit von Menschen mit internaler beziehungsweise externaler Referenz eine große Auswirkung auf das Motivationsverhalten. Ein Chef mit hoher internaler Referenz wird die Arbeit seiner Mitarbeiter nicht loben, weil er der Meinung ist, dass sie selber wissen, dass sie gute Arbeit leisten. Das trifft auf internale Mitarbeiter ja auch zu. Sind die Mitarbeiter aber external, brauchen und wünschen sie sich Feedback, da sie ansonsten Schwierigkeiten haben einzuschätzen, wo sie stehen. Folglich werden sich insbesondere dann Externale über fehlendes Feedback beschweren, wenn ihr Chef internal ist.

Bei stark ausgeprägter internaler Referenz wird Lob und Kritik eher dazu benutzt, um innerlich zu entscheiden, ob der andere Ahnung von dem hat, wovon er gerade spricht. Für solche Menschen ist es nützlich zu lernen, auf Vorschläge und Feedback von anderen einzugehen.

Ein hochexternaler Chef hingegen, der mit hochinternalen Mitarbeitern zusammenarbeitet, wird von diesen vielleicht eher belächelt und nicht ernst genommen werden, wenn er sie dauernd fragen würde, ob das, was er gemacht hat, auch gut ist. Außerdem wird er seinen Mitarbeitern viel Feedback geben, das diese gar nicht wollen oder brauchen. Die internalen Mitarbeiter könnten auf Lob sogar mit einem unguten Gefühl reagieren. Nach dem Motto: Was will der denn von mir? Will er sich einschmeicheln?

Bei stark ausgeprägter externaler Referenz wird Kritik eher persönlich genommen und dazu benutzt, sich schlecht zu fühlen. Für solche Menschen ist es nützlich zu lernen, sich weniger von anderen beeinflussen zu lassen und sich nicht jedes Feedback zu Herzen zu nehmen. Stattdessen sollten sie mehr Wert legen auf Vorschläge von Personen, die sie gut kennen und die ihnen gleichzeitig als vertrauenswürdig und fair erscheinen.

In einem Führungsseminar, das meine Kollegin Barbara Walther in Berlin durchführte, wurde ein Teilnehmer mit der Präferenz „External" identifiziert. Damit war er sehr unzufrieden und beharrte darauf, „Internal" zu sein. Er ging daraufhin zu meiner Kollegin und wollte von ihr (!) die Bestätigung haben, dass man sich in seinem Fall geirrt habe und er doch bitteschön eine internale Referenz hätte! Ich finde, eine externale Referenz kann man nicht besser unter Beweis stellen.

Viele außergewöhnlich erfolgreiche Forscher und Wissenschaftler hatten eine hohe internale Referenz, was nicht verwundert. Denn wer neue Modelle/Theorien erarbeitet, die viele herkömmliche Paradigmen und Überzeugungen infrage stellen, kann nur durchhalten, wenn er seiner eigenen internalen Referenz folgt und sich nicht von den Meinungen anderer beirren lässt.

Im Gegensatz dazu sind Mitarbeiter mit einer externalen Referenz überall dort die beste Besetzung, wo es gilt, Kundenwünsche wahrzunehmen und zu befriedigen.

Nochmals zurück zur Finanzkrise in 2008. Dort haben die Menschen mit einer internalen Referenz häufiger Geld verloren als die mit einer externalen. Das liegt daran, dass die Internalen meinten, es einfach besser zu wissen, während die Externalen sich mehr Rat einholten.

Planungsstil

Denkstruktur: Planungsstil
Bestimmung: Wie lösen wir Aufgaben?
               Wie schnell können wir entscheiden?
Präferenzen: Möglichkeiten
               Prozeduren
Frage: Warum haben Sie sich für (jetzigen Job) entschieden? (Achtung:
               Diese Frage bringt nicht immer die korrekten Ergebnisse.)
Möglichkeiten: Zählt Liste von Kriterien auf
Prozeduren: Erzählt eine Geschichte, wie etwas passiert ist

Die Denkstruktur „Planungsstil" zeigt, wie Menschen versuchen, Probleme zu lösen. Sie gibt auch erste Hinweise auf die Geschwindigkeit bei Entscheidungen und wie spontan Menschen handeln.

Möglichkeiten

Kennen Sie dieses Phänomen? Ein neues technisches Gerät wird geliefert. Menschen, die möglichkeitenorientiert sind, packen das Gerät aus und beginnen einfach herumzuprobieren, bis es klappt. Nur wenn sie irgendwo nicht mehr weiterkommen, werden sie die Gebrauchsanweisung zu Hilfe nehmen und kurz einen Blick in das Handbuch werfen, um das konkrete Problem zu lösen. Die Frage „Wie könnte es noch funktionieren?" ist für sie eine zentrale Frage. Sie empfinden Gebrauchsanweisungen, Pläne, genaue Vorgaben als Hemmnisse und demotivierend.

Menschen mit der Präferenz „Möglichkeiten" sind dann motiviert, wenn sie nur minimale Einschränkungen und Rahmenbedingungen als Vorgabe haben. Sie sind in der Lage, für andere Prozeduren und Vorgehensweisen zu entwickeln. Sie haben aber Schwierigkeiten, sich an solche Prozeduren zu halten, selbst an ihre eigenen. Sie haben den inneren Drang, die Dinge immer wieder zu verbessern. Außerdem sind sie zögerlich in ihren Entscheidungen. Entscheiden ist für sie gleichbedeutend mit: „Alle Möglichkeiten wegen einer einzigen fallen lassen." Dies fällt Menschen, die Möglichkeiten lieben, natürlich schwer.

Prozeduren

Prozedurenorientierte Menschen werden das Gerät anhand der Gebrauchsanweisung aufstellen. Sie suchen nach dem „richtigen Weg" und fragen sich: „Was muss ich machen?" Sie arbeiten nach bewährten Systemen und Modellen. Wenn sie einmal einen Weg gefunden haben, der sie zum Ziel führt, werden sie diesen Weg wahrscheinlich immer wieder beschreiten.

Dabei ist es wichtig zu wissen, dass diese Menschen nicht einfach und simpel denken. Stellen Sie sich das vollständige Schaltdiagramm eines Computers vor. Es ist alles andere als simpel. Es ist hochkomplex. Und es ist rein prozedurenorientiert. Immer wenn sie die Taste „A" drücken, bedeutet dies ein „A" für den Computer. Er interpretiert es nicht mal so oder so.

Prozedurenorientierte Menschen sind motiviert und umsetzungsstark, wenn sie Vorgaben bekommen, und werden sich daran halten. Sie können auch schneller entscheiden. Da sie keine Möglichkeiten lieben (sie verwirren eher), ist es für sie natürlich leichter, Entscheidungen zu treffen. Da dann die Verwirrung vorbei ist, werden Entscheidungen sogar als Erleichterung wahrgenommen.

Planungsstil in der Praxis

Möglichkeitenorientierte Mitarbeiter sind in Arbeitsbereichen motiviert, in denen es darum geht, individuelle Lösungen zu finden beziehungsweise Ideen oder neue Ansätze zu entwickeln. Sie bringen bei Brainstormings und Ideensammlungen viel ein und sind auch in der Lage, für ihre Kollegen Prozeduren und Vorgangsweisen zu entwickeln. Sie lieben Ausnahmen und sind gerne bereit, Ausnahmen zuzulassen. Denn für sie sind Ausnahmen weitere Möglichkeiten. Sie können mit ihrem Drang, nach immer neuen Möglichkeiten zu suchen, die prozedurenorientierten Mitarbeiter zum Wahnsinn treiben. Sie brechen auch gerne mal eine Regel. Denn eine Regel brechen ist eben eine weitere Möglichkeit, in einer gegebenen Situation zu handeln.

Prozedurenorientierte Mitarbeiter sind gute Umsetzer in fixen Strukturen und Vorgaben. Sie lieben Tätigkeiten mit klaren Strukturen und klaren Vorgaben und sind dort motiviert, wo es um das genaue Einhalten von Abläufen und Prozessen geht, beziehungsweise in Abteilungen, die sich mit Verfahrensabläufen beschäftigen. Sie brauchen feste Arbeitsstrukturen und sind froh, wenn andere für sie diese Strukturen erstellen. Viele Möglichkeiten sind eher verwirrend. Sie gehen Schritt für Schritt vor. Bei etwas eine Ausnahme zu machen empfinden sie schnell als persönlichen Angriff. Sie können mit ihrer festen und teils starren Vorgehensweise „Immer einen Schritt nach dem anderen" die möglichkeitenorientierten Mitarbeiter zum Wahnsinn treiben.

Da prozedurenorientierte Menschen an den richtigen Weg glauben, sind sie leicht irritiert und verwirrt, wenn man sie auffordert, Regeln zu brechen oder zu umgehen. Sie könnten eine solche Aufforderung sogar als persönlichen Affront auffassen. Haben Sie einen typischen Steuerbeamten schon mal nach einer Ausnahme gefragt? Tun Sie es besser nicht, sondern probieren Sie es mit: „Welche Vorgehensweise haben Sie für diesen Ausnahmefall?"

Ein weiteres Beispiel, wie die Nichtbeachtung dieser Präferenz bei einem Stellenangebot für Pflegekräfte die falschen Interessen anspricht: „Helfen Sie Menschen

– werden Sie Krankenschwester!" Menschen zu helfen ist eine Möglichkeit und hat für Mitarbeiter im sozialen Bereich einen hohen Wert. Das heißt, man spricht in dem Moment vor allem Menschen an, die hochgradig möglichkeitenorientiert sind. Der Job einer Krankenschwester ist aber absolut alles andere als möglichkeitenorientiert. Man stelle sich eine Krankenschwester vor, die Tag für Tag die Patienten betreut und dann heute mal die grünen Pillen gibt und morgen mal die roten oder die beim nächsten Patienten ausprobiert, ob es nicht besser wäre, anstatt der täglichen Spritze mal eine Salbe anzuwenden. (Das sind natürlich Extrembeispiele. Es würde schon reichen, wenn sie sich nicht an die Reihenfolge der Versorgung der Patienten halten würde und mal vorne im Gang, mal hinten und mal in der Mitte anfangen würde.)

Der Beruf einer Krankenschwester ist knallhart prozedurenorientiert. Die passende Ansprache wäre daher: „Wählen Sie den richtigen Weg. Werden Sie Krankenschwester, kommen Sie zu uns!" Würde jemand das lesen, der mehr an Möglichkeiten interessiert ist, würde er wahrscheinlich die Stirn krausziehen. Möglichkeitenorientierte Menschen glauben nicht an den richtigen Weg. Und steht dann noch da: „Sie lieben feste Arbeitsstrukturen", so wäre spätestens dies die Rechtfertigung, nun doch schnell das Weite zu suchen. Denn feste Arbeitsstrukturen sind für Möglichkeitenorientierte ein echter Albtraum.

So sehr möglichkeiten- und prozedurenorientierte Menschen eine echte Abneigung gegenüber der jeweils anderen Denkweise haben, so sehr brauchen sie einander und sollten zum Beispiel in Projektteams vorhanden sein. Gerade aus der Reibung aneinander und der Ergänzung der Vorgehensweisen entstehen oft die besten Lösungen.

6.3 Motivationsverarbeitung

Aktivitätsgrad

Denkstruktur:	Aktivitätsgrad
Bestimmung:	Wann bevorzugen wir zu handeln?
	Wie spontan sind wir?
Präferenzen:	Pre-aktiv
	Aktiv
	Re-aktiv
	Non-aktiv
Frage:	(Wird durch Beobachtung festgestellt)
Pre-aktiv:	–
Aktiv:	Redet in aktiven, kurzen und klaren Sätzen
Re-aktiv:	Benutzt Wörter wie: versuchen, nachdenken
Non-aktiv:	–

Die Denkstruktur „Aktivitätsgrad" gibt weitere Hinweise auf die Geschwindigkeit bei Entscheidungen und darauf, wie spontan Menschen handeln.

Pre-aktiv

Pre-aktive Menschen reagieren präventiv. Allein die Tatsache einer Mitteilung, dass in einem Unternehmen eine Umorganisation zweier Abteilungen im kommenden Jahr erfolgen wird, löst bei pre-aktiven Menschen Handlungen aus, obwohl noch überhaupt nichts Konkretes auf dem Tisch liegt und auch der Zeitpunkt noch unklar ist. Diese Denkpräferenz ist optimal bei Aufgaben, die sich mit prophylaktischen Themen beschäftigen (zum Beispiel Lagerhaltung etc.). Sie ist wichtig für vorausschauende Qualitätssicherung.

Aktiv

Aktive Menschen hingegen handeln spontan und genau dann, wenn das Problem auftaucht. Sie denken normalerweise weniger vorausschauend und entwerfen auch keinen Plan für alle Fälle.

Re-aktiv

Re-aktive Menschen analysieren, wägen ab, machen sich erst ein Bild von der gesamten Situation und handeln dann. Diese Denkpräferenz ist wichtig, wenn es um Qualität geht.

Non-aktiv

„Non-aktiv" heißt hier nicht „nichts tun". Vielmehr bedeutet es „nicht auf äußere Einwirkungen reagieren". Non-aktive Menschen lassen sich durch nichts vom einmal eingeschlagenen Weg abbringen. Sie sind beharrlich und können Dinge gut „aussitzen". Diese Denkpräferenz ist wichtig, wenn es darum geht, ausdauernd etwas gegen viele Widrigkeiten durchzusetzen.

Aktivitätsgrad in der Praxis

Pre-aktive Mitarbeiter sind in Arbeitsfeldern motiviert, wo es um vorausschauendes Handeln geht. Sie sind leistungsfähiger, wenn es darum geht, Vorbeugung zu betreiben beziehungsweise vorbeugende Maßnahmen zu entwickeln. Berufliche Tätigkeiten, die stark mit vorausschauendem Denken zu tun haben oder sich mit Themen wie „Sicherheit", „Produkthaftung" und „Gefahrenabwehr" beschäftigen, sind Bereiche, die diese Mitarbeiter motivieren.

Aktive Mitarbeiter sind dank ihrer Fähigkeit, rasch zu reagieren, gute Trouble-Shooter. In allen Bereichen, wo schnelles Handeln beziehungsweise die Reaktion auf plötzliche und unerwartete Vorkommnisse gefragt sind, fühlen sich diese Mitarbeiter wohl und sind damit höher motiviert.

Re-aktive Mitarbeiter haben durch ihre Neigung zum Analysieren und Abwägen eine höhere Leistungsbereitschaft in Abteilungen, die sich mit Qualitätsfragen oder Produkt- beziehungsweise Dienstleistungsverbesserungen beschäftigen.

Non-aktive Mitarbeiter sind der Fels in der Brandung. Sie kann so leicht nichts aus der Ruhe bringen. Konsequent verfolgen sie ihren Weg, und Widerstände irritieren sie nicht. In Abteilungen, die ein hohes Standing innerhalb wie außerhalb eines Unternehmens brauchen, wo Ausdauer und langer Atem gefragt sind, können diese Mitarbeiter ihre Fähigkeit zur Geltung bringen, sind einerseits ruhender Pol und andererseits beharrlich.

Es gibt noch eine weitere Auswirkung in der Praxis: Gibt man einem pre-aktiven Mitarbeiter die Aufgabe, aktuelle Daten des Marktes zu erfassen, und sagt ihm dabei, man brauche das Ergebnis erst in vier Wochen, so erledigt der Pre-Aktive das sofort, wenn er es innerhalb kurzer Zeit erledigen kann. Er tut dies, obwohl sich einige der Daten vielleicht sogar noch ändern können. Der Aktive startet frühestens eine Woche, der Re-Aktive ein bis zwei Tage vor dem Abgabetermin. Der Non-Aktive erledigt es am Tag danach.

Dies ist hier selbstverständlich nur plakativ dargestellt. In der Praxis kann es darüber hinaus natürlich noch andere Einflüsse geben, die eine Aufgabenerledigung deutlich beschleunigen oder verzögern können.

Vergleichsmodus

Denkstruktur:	Vergleichsmodus
Bestimmung:	Was fällt uns an neuen Situationen auf?
	Wie häufig wollen wir Veränderung?
	Wie gut können wir Muster erkennen?
	Wie gut können wir differenzieren?
Präferenzen:	Ähnlichkeiten
	Ähnlichkeiten mit Ausnahmen
	Unterschiede mit Ausnahmen
	Unterschiede
Frage:	Wenn Sie an Ihre Arbeit jetzt und vor einem Jahr denken, was fällt Ihnen dann auf?
Ähnlichkeiten:	betont, was ähnlich/identisch ist
Ähnl. m. Ausn.:	betont, was besser/schlechter ist
Unter. m. Ausn.:	betont, was verändert ist
Unterschiede:	betont, was neu/verschieden ist

Man könnte auch fragen: Wie nehmen Sie die folgenden Vierecke wahr?

Würden Sie sagen: „Die sind alle gleich" (Ähnlichkeit)? Oder eher: „Die sind alle anders" (Unterschiede)? Oder wäre Ihre Präferenz irgendwo dazwischen, indem Sie sagen: „Im Grunde sind sie alle gleich, aber es gibt auch ein paar Unterschiede" (Ähnlichkeiten mit Ausnahmen)? Oder: „Im Grunde sind sie alle unterschiedlich, aber es gibt ein paar Ähnlichkeiten" (Unterschiede mit Ausnahmen)? Alle Aussagen haben eine gewisse Berechtigung. Keine ist falsch, jede ist richtig. Aber jede Aussage hat andere Konsequenzen.

Der Vergleichsmodus ist eine Denkstruktur, die eine große Bedeutung hat für unseren Alltag und damit auch für das berufliche Leben. Er ist ein dominierender Teil unseres Denkens. Wir benutzen ihn, um zu verstehen und zu entscheiden.

Ähnlichkeiten

Ähnlichkeitenorientierte Menschen versuchen in einer neuen Situation zuerst festzustellen, was an der neuen Situation ähnlich ist im Vergleich zu früheren. Das Beständige und Bekannte gibt ihnen Sicherheit und damit auch Motivation. Sie haben Probleme, Unterschiede zu erkennen, und wollen keine größeren Veränderungen. Deshalb achten sie so sehr auf Ähnlichkeiten. Diese Denkpräferenz ist wichtig zum Erkennen von Mustern.

Ähnlichkeiten mit Ausnahmen

Ähnlichkeiten-mit-Ausnahmen-orientierte Menschen nehmen zwar auch zuerst das bereits Bekannte an einer neuen Situation wahr, versuchen dann aber auch die Unterschiede zu erkennen. Sie wollen, dass alles im Großen und Ganzen so bleibt, wie es ist, akzeptieren allerdings Veränderungen und können damit umgehen. Diese Denkpräferenz ist wichtig für langsame Entwicklungsprozesse.

Unterschiede mit Ausnahmen

Unterschiede-mit-Ausnahmen-orientierte Menschen erkennen an neuen Situationen rasch die Unterschiede zu vorhergehenden Erfahrungen. Erst danach richten sie ihren Fokus darauf, inwieweit die neue Situation vorigen gleicht. Diese Denkpräferenz ermöglicht sowohl eine raschere Anpassung an neue Gegebenheiten als auch das Verweilen in einem beständigen Umfeld.

Unterschiede

Unterschiedeorientierte Menschen versuchen in einer neuen Situation zuerst festzustellen, in was sich diese Erfahrung von früheren unterscheidet. Sie können beispielsweise rasch feststellen, was sich in einem Raum verändert hat. Sie haben
eher Schwierigkeiten, Muster zu erkennen. Sie achten deshalb auf Unterschiede,
weil sie die Abwechslung lieben. Diese Denkpräferenz ist wichtig für das Erkennen von Fehlern.

Vergleichsmodus in der Praxis

Ähnlichkeitenorientierte Mitarbeiter fühlen sich auf Arbeitsplätzen wohl, die eine
hohe Beständigkeit im Arbeitsablauf aufweisen. Sie fühlen sich wohl, wenn sie
Tätigkeiten machen, die möglichst gleichbleibend sind und wenig Flexibilität
erfordern. Die Beständigkeit steigert in diesem Fall die Motivation und damit die
Effizienz. Sie sind zufrieden mit einem stabilen Arbeitsplatz und streben selten
von sich aus berufliche Veränderung an. Frühestens alle zehn Jahre wollen sie eine
größere Veränderung. Im Grunde möchten sie dort, wo sie in jungen Jahren
angefangen haben, auch später einmal in Rente gehen. Ihr Motto ist: „Beibehalten!"

Ähnlichkeiten-mit-Ausnahmen-orientierte Mitarbeiter lieben ebenfalls die Beständigkeit ihrer Tätigkeit, können sich aber durchaus mit kleinen außerplanmäßigen
Aufgaben arrangieren und sind dadurch nicht demotivierbar. Was die berufliche
Perspektive betrifft, so streben sie im Schnitt alle fünf bis sieben Jahre eine
größere Veränderung an. Das Motto für diese Mitarbeiter heißt: „Verbessern!"

Unterschiede-mit-Ausnahmen-orientierte Mitarbeiter empfinden Veränderungen
nicht als Bedrohung, sondern als Herausforderung. Sie sind in Arbeitsbereichen
motivierbar, wo es darum geht, neue Märkte zu erschließen, neue Filialnetze auf-
zubauen, bei neuen Projekten mitzuarbeiten etc. Sie wollen alle drei bis fünf Jahre
eine größere Veränderung im Job. Das Motto für diese Mitarbeiter lautet: „Verändern!"

Unterschiedeorientierte Mitarbeiter lieben die Abwechslung. Sie sind ständig
dabei, etwas zu verändern und zu verbessern. Aufgaben, bei denen es um Fehler-
suche, Qualitätskontrolle und um Arbeit im Bereich Verbesserungen geht, sind
für diese Mitarbeiter ein hoher Motivationsanreiz. Sie sind effizient im Erkennen
von Fehlern und Ungereimtheiten.

Man kann ihnen einen 20-seitigen Text geben, und sie werden sofort den einzigen Kommafehler darin finden. Aufgrund der Vorliebe für Abwechslung wollen sie alle zwei bis drei Jahre berufliche Veränderung. Das Motto für diese Mitarbeiter heißt: „Von Grund auf erneuern!"

In einem Training war ein Teilnehmer, der hohe Werte in „Unterschiede" hatte. Als ich zu ihm sagte, er würde wohl alle zwei bis drei Jahre eine größere Veränderung im Job haben wollen, meinte er zu mir: „Herr Maus, wovon reden Sie? Ich bin seit zwanzig Jahren im Unternehmen!" Daraufhin fragte ich: „Und was haben Sie in diesen zwanzig Jahren im Unternehmen alles gemacht?" Nach kurzem intensiven Nachdenken sagte er: „O. K., kommt hin. Sie haben recht!"

	Europa	Nordamerika
Unterschiede	2–3 Jahre	6–18 Monate
Unterschiede mit Ähnlichkeit	3–5 Jahre	2–3 Jahre
Unterschiede/Ähnlichkeiten gleich	4–6 Jahre	3–5 Jahre
Ähnlichkeiten mit Unterschied	7–10 Jahre	5–7 Jahre
Ähnlichkeiten	über 15 Jahre	über 10 Jahre

Aus der obigen Tabelle kann man ablesen, wie häufig der innere Wecker klingelt und nach Veränderung verlangt. Die Zeiträume sind kulturell unterschiedlich. Sie sind in Europa etwas länger und in Nordamerika kürzer. Diese Zahlen wurden von Trainern und Coachs, die mit der Methodik der Denkpräferenzen seit Jahren arbeiten, zusammengetragen. Sie haben sich in der Praxis als erstaunlich präzise erwiesen.

Im Veränderungsmanagement (engl. change management) ist der Vergleichsmodus eine zutiefst unterschätzte Dimension. Im Veränderungsmanagement geht es darum, Veränderungen durchzuführen. Das Management beschließt die Veränderungen und will sie nach unten durchsetzen. Die Mitarbeiter sind aber die, die auf Ähnlichkeiten achten und keine Veränderungen wünschen. Sie wollen, dass alles so bleibt, wie es ist. Sie opponieren offen oder versteckt gegen die Veränderungen, die vielleicht überlebenswichtig für die Firma sind. Dies gefällt dem Management logischerweise gar nicht. Also werden die „Bremser" rausgesetzt.

Nun kommen die Veränderungen richtig in Schwung. Augenscheinlich war es die richtige Entscheidung des Managements, diese „Bremser" vor die Tür zu setzen. Irgendwann später sind dann die notwendigen Veränderungen durchgeführt und die erwünschten Ziele erreicht. Was die Firma nun dringend braucht, ist eine Konsolidierungsphase. Das Problem ist jetzt, dass nur noch Mitarbeiter im Unternehmen sind, die Spaß an Veränderungen haben. Und die machen jetzt lustig weiter.

Ein weiteres Beispiel: In den 1980er gab es noch sogenannte Schreibbüros. Dort saßen dann tagaus, tagein Schreibkräfte und tippten all die ihnen aufgetragenen Briefe in elektrische Schreibmaschinen. Der damalige Marktführer im Bereich Textcomputer, die Firma Wang, machte Werbung mit Slogans wie: „Wir revolutionieren das Schreibmaschinenschreiben!"

Menschen, die seit 10 oder gar 15 Jahren Tag für Tag der gleichen Tätigkeit nachgehen, haben garantiert die Präferenz „Ähnlichkeit". Und diese Menschen wollen alles andere als eine Revolution. Die Folge dieser fehlangelegten Kampagne war, dass die meisten Schreibkräfte stöhnten: „Ich bin zu alt für diese neuartigen Computer. Die sind mir unheimlich." Und kündigten anschließend, zumindest innerlich.

Wäre man an sie herangetreten mit den Worten: „Also wir haben da jetzt eine Schreibmaschine, die genauso ist wie ihre alte. Sie hat genau die gleiche gewohnte Tastatur, wir haben nur ein paar Tasten hinzugefügt, die Ihnen das Leben erleichtern. Und anstatt dass die Briefe direkt auf Papier ausgedruckt werden, erscheint der Text erst einmal auf einem Bildschirm. So haben Sie die Chance, vor dem Ausdruck eventuell noch Korrekturen vorzunehmen. Das wird Ihnen Ihre Arbeit erleichtern." Was glauben Sie, wie diese Schreibkräfte hierauf reagiert hätten?

Als Führungskraft sollte man die Denkpräferenzen des Vergleichsmodus seiner Mitarbeiter kennen, um Veränderungen in einer Weise zu erklären, die sie mit „ins Boot holt". Weiterhin ist es gut, seine Mitarbeiter so gut zu kennen, um zu wissen, wie häufig sie größere Veränderungen am Arbeitsplatz haben wollen. Dann kann man beurteilen, ob eine Veränderung gerade passt oder nicht.

Reaktion

Denkstruktur:	Reaktion
Bestimmung:	Wie reagieren wir auf äußere Einwirkungen?
	Schwimmen wir eher mit oder gegen den Strom?
Präferenzen:	Gleich
	Polar
Frage:	Wie reagieren Sie auf Empfehlungen?
Gleich:	Befolgt sie
Polar:	Tut das Gegenteil

Also, angenommen fünf Menschen, die Sie in der Sache für kompetent halten, sagen Ihnen: „Der neue Film im Kino ist großer Mist. Spar dir einfach Zeit und Geld!" Werden Sie sagen: „O. K. Danke für den Tipp!" und ersparen sich Zeit und Geld? Oder reagieren Sie eher: „Also eigentlich wollte ich gar nicht in den Film reingehen, aber jetzt bin ich neugierig!"

Die Denkstruktur „Reaktion" zeigt, inwieweit ein Mensch mit anderen konform gehen kann oder entgegengesetzt reagiert. Inwieweit jemand den Konsens oder die Auseinandersetzung bevorzugt.

Gleich

Gleich orientierte Menschen sind eher teamorientiert. Sie reagieren konform und tun somit normalerweise das, was man ihnen sagt. Es fällt ihnen leicht, mit anderen übereinzustimmen, und sie sind konsensinteressiert.

Polar

Polar orientierte Menschen reagieren eher entgegengesetzt. Sie tun normalerweise genau das Gegenteil von dem, was von ihnen verlangt wird. Polare Reaktionen sind eine Abgrenzungsreaktion, um die Eigenständigkeit zu unterstreichen.

Reaktion in der Praxis

Gleich orientierte Mitarbeiter zeichnen sich durch ein konsensorientiertes Verhalten aus. Bekommen diese Menschen von kompetenter Seite eine Empfehlung, werden sie diese in aller Regel befolgen. Daher sind sie im Allgemeinen leichter zu führen.

Polar orientierte Mitarbeiter sind Individualisten und auf ihre Eigenständigkeit bedacht. Sie spielen gerne den „Advocatus Diaboli", den Anwalt des Teufels: Sie lieben den Dissens und somit auch Auseinandersetzungen. Sie heulen nicht im Konzert mit den anderen. Sie fungieren oft als „Eisbrecher" beziehungsweise lieben Konfliktsituationen mit Kunden beziehungsweise anderen Abteilungen und können somit für ein Unternehmen auch in dieser Funktion von Vorteil sein. Häufig werden sie als Nörgler oder Querulanten missverstanden. Bekommen sie von kompetenter Seite mehrfach eine Empfehlung, so reizt es sie, dagegen zu handeln.

Beispiel: Ich wurde vom Personalentwicklungschef eines größeren Unternehmens gefragt, was mein normaler Tagessatz als Trainer sei. In Kenntnis dieses Unternehmens antwortete ich, dass er zu hoch für dieses Unternehmen sei. Er hakte nochmals nach und wollte es genauer wissen. Ich nannte ihm meinen Preis. Er daraufhin, wie aus der Pistole geschossen: „Kein Problem. Das können wir zahlen." Es kam dann doch nicht zum Auftrag, da das Unternehmen solche Preise grundsätzlich nicht zahlt. Ein Blick in das Profil des Personalentwicklungschefs, das ich schon zuvor erstellt hatte, verriet mir, dass seine Reaktion polar ist. Dies zeigte er zuvor in unserem Gespräch.

Ein Unternehmen braucht beide: die, die konform gehen, und die, die gerne mal den „Advocatus Diaboli" spielen. Wichtig ist, dass beide Seiten einander wertschätzen, ansonsten kann es zu hohen internen Reibungsverlusten kommen. Das gilt natürlich auch für alle anderen Denkpräferenzen.

Erfolgsstrategie

Denkstruktur:	Erfolgsstrategie
Bestimmung:	Wie wollen wir Erfolg sicherstellen?
	Sind wir kreativ, neue Ideen zu entwickeln?
	Sind wir kreativ, neue Ideen umzusetzen?
	Delegieren wir Qualitätskontrolle?
Präferenzen:	Vision
	Realisierung
	Qualitätskontrolle
Frage:	Denken Sie an ein vergangenes Vorhaben, was haben Sie da am liebsten gemacht?
Vision:	Erzählt, **was** man tun kann (langfristig)
Realisierung:	Erzählt, **wie** man es tun kann (kurzfristig)
Qualitätskontrolle:	Erzählt, welche **Probleme** auftauchen

Die Erfolgsstrategie gibt darüber Auskunft, in welcher Phase einer Aufgabenbewältigung die größte Stärke eines Menschen liegt. Fühlt sich also eine Person mehr in der Visionsphase wohl oder in der Phase der Realisierung oder in der Phase der Qualitätssicherung?

Vision

Visionsorientierte Menschen entwickeln gerne neue Ideen und zeigen dabei viel Kreativität. Die Frage „Was kann man machen?" treibt sie an. Sind Menschen stark visionsorientiert, so fehlt ihnen manchmal die Vorstellung, wie man es am besten umsetzen kann. Qualitätskontrolle ausüben ist dann meist das, was sie am wenigsten mögen. Menschen mit großer Vorliebe für Qualitätskontrolle, die sogenannten Bedenkenträger, sind ihnen fern. Denn das sind die, die an ihren tollen Vorschlägen immer herummäkeln, und das nervt.

Visionsorientierte Menschen sind motiviert und sehr kreativ, solange es ums reine Brainstorming geht. Jobprofile mit derartigen Arbeitsinhalten und damit verbundenen Arbeitsaufträgen sind für visionsorientierte Mitarbeiter ein hoher Motivations- und Effizienzschub.

Realisierung

Realisierungsorientierte Menschen lieben es, das Geplante umzusetzen. Das „Was?" interessiert sie weniger. Ihre Kernfrage lautet: „Wie kann man es machen?" Sie sind die Motoren der Umsetzung. Wenn man zu ihnen sagt: „Mensch, ich habe da eine Idee, nämlich ... Aber ich habe keine Ahnung, wie man das umsetzen kann", laufen sie zur Hochform auf. Sie sind sehr kreativ darin, Wege zu finden, **wie** man etwas umsetzen kann.

Realisierungsorientierte Mitarbeiter sind Macher. Sie setzen schnell und effizient um. Sie kümmern sich in erster Linie nicht um die Idee, sondern um deren Umsetzung und garantieren schnelle Ergebnisse.

Qualitätskontrolle

Qualitätskontrolleorientierte Menschen sind darauf fixiert, an Ideen die Ungereimtheiten zu erkennen. Sie untersuchen und prüfen Ideen gerne auf mögliche Mängel, Fehler oder sonstige Probleme. Sie wollen auf diese Art und Weise die Qualität eines Produktes oder einer Dienstleistung sicherstellen. Die treibenden Fragen sind für sie: „Warum ist das so?", „Wo sind hier die Haken und Ösen?", „Wo ist das berühmte Haar in der Suppe?". Visionsorientierte sind für sie häufig reine Träumer, die keinen oder nur wenig Bezug zur Realität haben.

Qualitätskontrolleorientierte Mitarbeiter motivieren Aufträge, die mit Fehlerkorrekturen und Verbesserungen verbunden sind. Arbeitsplatzbeschreibungen, die sich mit Analysen, Qualitätssicherung oder mit Produkt- beziehungsweise Dienstleistungsverbesserungen beschäftigen, sind für diese Mitarbeiter motivierend.

Erfolgsstrategie in der Praxis

Müssen visions-, realisierungs- und qualitätskontrolleorientierte Menschen zusammenarbeiten, so können sie sich gegenseitig das Leben schwer machen – es sei denn, sie erkennen, dass sie wichtige Ergänzungen füreinander sind. Meist bevorzugen Menschen in Denkstrukturen mit drei Präferenzen zwei der drei Präferenzen. Die dritte ist meist weniger ausgeprägt.

Wenn hier jemand Vision und Qualitätskontrolle bevorzugt, dann kann sich das schnell zu einer Selbstsabotagestrategie entwickeln. Was dann passiert, ist Folgendes: Man hat eine tolle neue Idee und ist zunächst ganz begeistert. Dann jedoch kommt der innere Kritiker und mäkelt an allem herum: zu teuer, zu kompliziert, zu aufwendig, zu irgendwas. Das ist dann der Tod der tollen Idee. Manchmal ist eine solche Selbstsabotagestrategie eine Kompensation für ein ansonsten überstarkes „Hin-zu".

Ist jemand visions- und realisierungsorientiert, so werden schnell Ziele geplant. Diese werden dann auch umgesetzt, doch die Qualität lässt zu wünschen übrig, weil Planung und Umsetzung nicht konsequent bis zum Schluss durchdacht wurden.

Hat jemand eine hohe Ausprägung in „Realisierung" und „Qualitätskontrolle" und es fehlt die Visionsorientierung, so wird der Status quo verwaltet. Es herrscht in diesem Fall ein Mangel an neuen und innovativen Ideen.

Die genannten Kombinationen gelten sowohl bei Einzelpersonen als auch für die Zusammenarbeit in Teams.

Erfolg gestalten – Erfolgsstrategie in der Praxis

Optimal ist, wenn alle drei Präferenzen in einem Team vorhanden sind und dabei nicht nur eine bestimmte Reihenfolge in der Nutzung der Erfolgsstrategie eingehalten, sondern auch noch eine weitere Position eingebaut wird. Man durchläuft insgesamt vier Positionen. Für jede Position werden Mitarbeiter bestimmt, oder alle nacheinander schlüpfen in die verschiedenen Rollen:

1. Schritt: Vision – Träumen

Hier werden im Brainstorming Ideen gesammelt, die zur Lösung eines Problems oder zur Entwicklung von etwas Neuem Beiträge leisten können. *Jede* **Idee wird für gut befunden und willkommen geheißen. Zu diesem Zeitpunkt wird weder über die konkrete Realisierung noch über mögliche Kritikpunkte diskutiert.**

2. Schritt: Realisierung – Umsetzung planen

Hier tut man einfach so, als ob alle vorherigen Ideen zu verwirklichen wären. **Es werden konkrete Pläne für die Umsetzung erarbeitet. Kritik wird weiterhin nicht geübt.**

3. Schritt: Qualitätskontrolle – Kritisieren

Nun erst werden Ideen und Pläne daraufhin überprüft, wie realitätsnah sie sind. **Es werden konkrete Analysen zu Aufwand, Kosten und Nutzen gemacht, und alle Kritikpunkte dürfen geäußert werden. Es darf nach Herzenslust gemeckert werden, jedoch sollte bei einer Arbeit im Team die grundsätzliche Wertschätzung erhalten bleiben: Kritik zur Sache, aber nicht an den Menschen.**

4. Schritt: Diplomat – Übersetzen und Fragen stellen

Nun kommt der vielleicht wichtigste Schritt. Statt nun die Visionäre und Realisten mit der geballten Kritik zu konfrontieren, wird erst ein Zwischenschritt eingelegt: **Es werden alle Kritiken in konstruktive „Was-Fragen" umgewandelt.** Gab es beispielsweise die Kritiken „zu teuer" und „zu aufwendig", so werden sie umgewandelt in Fragen wie: „Was könnte man tun, um die Kosten zu reduzieren?" Oder: „Welche Möglichkeiten gibt es, um den Aufwand zu verringern?"

Diese Fragen reicht man an die Position „Vision" weiter. Dort werden dann wieder Ideen gesammelt, **was** man tun kann. Anschließend entwickelt wieder die Realisierung Ideen, **wie** man es umsetzen kann, bevor dann wieder die Qualitätskontrolle kritisieren darf. Nachfolgend eine bildliche Darstellung der Erfolgsstrategie:

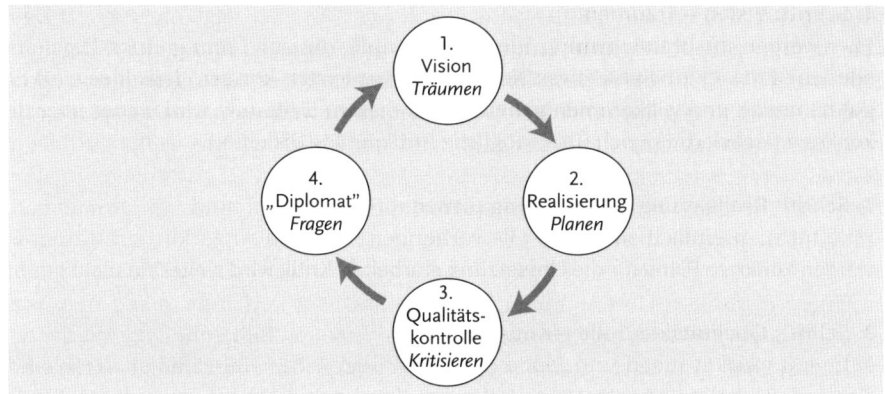

Diese Schritte 1 bis 4 geht man so oft durch, bis die Qualitätskontrolle nichts mehr zu kritisieren hat. Dann erst erfolgt die eigentliche Umsetzung.

Dies ist die sogenannte Walt-Disney-Kreativitätsstrategie. Sie wurde von Robert Dilts entdeckt, als er die Firma Walt Disney beriet. Die wollte damals, bereits Jahre nach dem Tod von Walt Disney, wissen, wie genau sie es ermöglichen können, kreativ **und gleichzeitig** erfolgreich zu sein. Robert interviewte und beobachtete die kreativen Mitarbeiter des Unternehmens in ihrer Arbeitsweise und destillierte obigen Prozess heraus. Er hat dies ausführlich in seinem Buch: „Know-how für Träumer" (1994)[20] beschrieben. Die Position des Diplomaten habe ich hinzugefügt. Sie hat sich in der Praxis als sehr hilfreich erwiesen. Robert Dilts hat dies später auch für seine Seminare übernommen.

Die Rolle des Diplomaten könnte ein Moderator übernehmen. Jemand ist für diese Rolle insbesondere dann gut geeignet, wenn er bei der Denkstruktur „Perspektive" eine gut ausgebildete Präferenz für die Beobachterposition hat. Seine Aufgabe wäre es, die Mitarbeiter durch diesen Prozess zu begleiten. Wichtig ist, dass man kongruent in jede Rolle geht. Am besten man macht es wie die Firma Walt Disney. Sie haben für jede Position einen Extraraum. Der Raum zum Kritisieren ist übrigens der kleinste im ganzen Gebäude. Er ist unter einer Treppe ohne Fenster nach draußen.

Die Kongruenz mit der Rolle ist sehr wichtig. Man stelle sich nur einmal vor, alle suchen gerade neue Ideen und einer kritisiert und mäkelt an allem und jedem herum. Das wäre das Ende des gesamten Prozesses. Dies ist auch eine Herausforderung für jeden, der einen solchen Prozess moderiert. Äußert ein Teilnehmer in der Brainstormingphase Kritik, so hilft es wenig, dass der Moderator darauf reagiert mit Worten wie: „Bitte keine Kritik jetzt. Das ist jetzt nicht dran. Das kommt erst später." Er würde damit die Kritik unterdrücken und gleichzeitig eine Stimmung der Kritik im Raume verstärken. Besser wäre es zu reagieren mit: „Das ist ein sehr wichtiger Einwand. Den wollen wir sofort festhalten und für später aufbewahren, wenn es dann um Kritik geht. Und jetzt wollen wir uns weiter auf Ideen konzentrieren, was man tun könnte, um das gewünschte Ziel zu erreichen." Wie zuvor beschrieben, **jede** Idee wird willkommen geheißen und sei sie auf den ersten Blick noch so abwegig oder verrückt.

In einem deutschen Unternehmen, das Walnusskerne verkaufte, stand man vor einem großen Problem: Der Druck der Konkurrenz aus Billiglohnländern war so groß, dass man kurz davor stand, selbst die Produktion ins Ausland zu verlagern. Man setze sich jedoch noch einmal zu einem Brainstorming zusammen. Alle Versuche zuvor, immer feinere Automaten zu entwickeln, die die Walnüsse immer vorsichtiger knackten, waren nicht wirklich erfolgreich, denn es wurde einfach zu viel Bruch produziert. Ganze Walnusskerne (nicht gebrochene Walnusskerne) erzielten jedoch einen wesentlich höheren Marktpreis als der Bruch (gebrochene Walnusskerne). So überlegte man hin und her, was man denn tun könnte. Einer der Teilnehmer machte dabei einen Witz und sagte: „Man müsste da einen kleinen Japaner reinstecken und ihn die Nuss von innen aufmeißeln lassen." Man lachte kurz darüber und beschäftigte sich dann wieder mit ernsthaften Lösungsgedanken.

Das Ganze wurde auf Tonband aufgezeichnet. Als ein Ingenieur (das sind im Allgemeinen **die** Realisierer) sich das anhörte, fand er die Lösung im vermeintlichen Witz: eine Nadel in die Nuss einführen und die Nuss mit Druckluft von innen knacken.

An diesem Beispiel kann man recht gut erkennen, wie wichtig das Einhalten der zuvor beschriebenen Reihenfolge ist. Ein zu frühes Kritisieren einer Idee ist deren Ende. Die Teilnehmer des Brainstormings hatten sie schon ad acta gelegt. Sie hatten sie einfach als Witz abgetan. Diese Lösung konnte nur dadurch gefunden werden, dass jemand sich der geäußerten Idee unvoreingenommen annahm.

Arbeitsorientierung

Denkstruktur:	Arbeitsorientierung
Bestimmung:	Was ist uns im beruflichen Alltag wichtig?
Präferenzen:	Beziehung
	Aufgabe

Frage:	Beschreiben Sie eine Arbeitssituation, die (wichtiges Kriterium für den Gesprächspartner) war. Was gefiel Ihnen daran?
Beziehung:	Redet über Menschen, Emotionen
Aufgabe:	Redet von Prozessen/Aufgaben/Zielen

Die Arbeitsorientierung ist für unseren beruflichen Alltag eine wesentliche Denkstruktur. Zu wissen, welche der beiden Präferenzen in einer Abteilung oder einem Team stärker vorhanden ist, wirkt sich sowohl auf das Klima im Team als auch auf die Fähigkeit aus, Aufträge zeitgerecht zu erfüllen.

Beziehung

Beziehungsorientierte Menschen konzentrieren sich stärker auf die beteiligten Personen. Ihnen ist es wichtig, dass das Klima passt und sich jeder in der Umgebung dieses Menschen auch wohlfühlt. Bei hohen Beziehungswerten kann die gestellte Aufgabe ins Hintertreffen geraten.

Aufgaben

Aufgabenorientierte Menschen hingegen sehen das Erfüllen einer gestellten Aufgabe als ihr primäres Ziel an. Sie wollen Aufträge zu Ende führen, Termine einhalten, möglichst rasch alles erledigt haben. Bei sehr hoher Ausprägung dieser Denkpräferenz besteht die Gefahr, dass diese Menschen sich selber oder ihre Kollegen dabei überfordern, weil die Aufgabe unbedingten Vorrang gegenüber der eigenen Befindlichkeit und der der Kollegen hat.

Arbeitsorientierung in der Praxis

Beziehungsorientierte Mitarbeiter brauchen den Umgang mit Kolleginnen und Kollegen. Sie sind daran interessiert, dass es gute Stimmung gibt. Sie sind, weitere Präferenzen vorausgesetzt, in Bereichen des Service (Hotlines) und der Reklamation gut einsetzbar, da sie sich rücksichtsvoll verhalten. Im gesamten Dienstleistungssektor, im Marketing und in der Kundenbetreuung sind Mitarbeiter mit stärkerer Beziehungsorientierung weitaus effektiver und damit auch motivierter als stärker aufgabenorientierte. Allerdings: Im Extremfall werden Ziele nicht erreicht, dennoch gibt es gute Stimmung im Team.

Aufgabenorientierte Mitarbeiter sind in der Lage, unabhängig von arbeitsklimatischen Voraussetzungen Aufgaben umzusetzen. Ihr Motiv heißt: „Erledigen!" Sie wollen Projekte schnell zu Ende bringen. Als Team- oder Projektleiter können sie im Extremfall als „Sklaventreiber" verschrien sein.

In Teams sollten beide Präferenzen in einer guten Mischung vorhanden sein. Je nach Aufgabe und Thema können mehrheitlich beziehungsorientierte beziehungsweise aufgabenorientierte Mitglieder das Team positiv beeinflussen und rascher zum Erfolg führen.

Beziehungsorientierte Mitarbeiter lieben es, wenn sie erst mal Small Talk machen können, bevor die eigentliche Zusammenarbeit beginnt. Aufgabenorientierte Personen beurteilen das als Zeitverschwendung und kommen sofort zum Thema. Dieser Unterschied führt oft zu Missverständnissen in der Kommunikation, wenn unterschiedliche Kulturen zusammenarbeiten, wie beispielsweise Deutsche und Brasilianer. Während Deutsche eher aufgabenorientiert arbeiten, sind Brasilianer eher beziehungsorientiert. Japaner hingegen sind im Allgemeinen beides und verstehen es, gestellte Aufgaben zu erledigen und das Klima im Team gut zu gestalten.

6.4 Informationsverarbeitung

Informationsgröße

Denkstruktur: Informationsgröße
Bestimmung: Welche Informationsmenge brauchen wir, damit wir handeln können?
 Wie gut können wir delegieren?
Präferenzen: Global
 Detail
Frage: (Wird durch Beobachtung festgestellt)
Global: Erzählt grob, was Sache ist
Detail: Erzählt sehr detailliert

„Den Wald vor lauter Bäumen nicht sehen" – dieses geflügelte Wort beschreibt ein wenig diese Denkstruktur. Wie schon im Abschnitt „Was ist Denken" beschrieben, können wir nur 7 +/– 2 Informationen[21] gleichzeitig bewusst verarbeiten. Daher können wir nur eins von beiden: **Entweder wir können einen Wald als Ganzes betrachten oder die Struktur eines Blattes an einem Baum. Beides zugleich geht nicht, höchstens nacheinander.**

Global

Während global orientierte Menschen lediglich den Wald sehen und im ersten Moment nicht sagen können, ob es sich um einen Fichten- oder Tannenwald handelt, sehen detailorientierte Menschen den Specht, der auf einem Baum sitzt, bevor sie den Wald darum herum wahrnehmen.

Global denkende Menschen können Zusammenhänge und Muster leicht erkennen. Sie behalten gerne den Überblick und neigen zu Verallgemeinerungen. Ihr Lernstil ist vom Globalen zum Detail hin ausgerichtet. Gibt man ihnen zu viele Details, so schalten sie schnell ab. Ihnen fehlt die Orientierung, die sie aus dem Überblick erhalten, und deswegen langweilen sie sich.

Detail

Detailorientierte Mitarbeiter brauchen zuerst die Details. Sie verschaffen sich einen Überblick, indem sie die Details Stück für Stück zusammenfügen – wie in einem Puzzle.

Sie konzentrieren sich auf Einzelheiten einer Aufgabe und diskutieren gern über Beispiele. Ihnen ist Präzision und Genauigkeit wichtig. Ihr Lernstil ist vom Detail zum Globalen hin ausgerichtet. Gibt man ihnen nur globale Informationen, so können sie leicht verwirrt oder gar misstrauisch werden.

Informationsgröße in der Praxis

In Kombination mit Sehen sind global denkende Menschen echte Schnelldenker. Häufig delegieren sie gerne Details. Global Denkende können Detailorientierte leicht zur Weißglut treiben. Das muss nicht so ein extremer Fall sein wie Anfang der 1990er. Damals sagte ein deutscher Bankmanager, dessen Bank bei der Pleite eines größeren Unternehmens in Deutschland rund 360 Millionen Euro verloren hatte, das seien doch nur Peanuts. Daraufhin schauten die meisten Menschen in ihr Portemonnaie oder auf ihr Konto und konnten dort keine solchen Peanuts-beträge finden. Es gab einen großen Aufschrei quer durch die Republik. So viel Arroganz wollte man nicht akzeptieren. Wechselt man die Perspektive und schaut sich die Bilanzsumme der Bank an, kann man die Äußerung eher nachvollziehen.

Eine Anekdote aus dem Burgtheater in Wien verdeutlicht auch globales Denken: Raoul Aslan, Star des Wiener Burgtheaters, stürmt mit einem Schwert auf die Bühne. Stoppt. Blickt sich um, will den ersten Satz sagen – Blackout. Die Souffleuse flüstert: „Ganz Spanien in Flammen!" Der Burgstar schaut und reagiert nicht. Die Souffleuse wieder und ein wenig lauter: „Ganz Spanien in Flammen!" Der Burgstar schaut wieder, spielt sich theatralisch in Richtung Souffleurkasten. Die Souffleuse schon leicht nervös: „Ganz Spanien in Flammen!" Da beugt sich der Mime leicht in Richtung Souffleurkasten und flüstert: „Keine Details – welches Stück?" (Werner Kofler)[22].

Man kann es auch an der Gesprächsführung merken. Wenn man mit zwei Menschen ein und dasselbe Interview durchführt, so dauert das Interview mit dem Detailorientierten ungefähr doppelt so lange.

Denkstil

Denkstruktur:	Denkstil
Bestimmung:	Welche Art der Information hilft uns?
	Wie betrachten wir die Welt?

Präferenzen:	Abstrakt
	Konkret
Frage:	(Wird durch Beobachtung festgestellt)
Abstrakt:	Philosophiert gerne, redet über Bedeutung
Konkret:	Philosophiert ungern, redet über Konkretes

Diese Denkstruktur wird oft mit der Informationsgröße verwechselt. Ein global denkender Mensch kann ebenso konkret denken, wie ein detailorientierter abstrakt denken kann.

Abstrakt

Abstrakt orientierte Menschen denken vorzugsweise in Zusammenhängen und Prinzipien. Sie arbeiten gerne mit Symbolen, wie zum Beispiel in der Mathematik. Sie machen sich Skizzen, Zeichnungen und Pläne, bevor sie etwas umsetzen. Betrachtet ein global orientierter und abstrakt denkender Mensch einen Wald, so wird er vielleicht über die Beutung des Waldes für die Umwelt nachdenken. Der Detailorientierte und abstrakt Denkende wird den Wald nicht sehen, er wird die Struktur eines Blattes betrachten und dabei über die Bedeutung all dieser Linien und Strukturen für das Leben des Baumes sinnieren.

Konkret

Konkret orientierte Menschen suchen und brauchen klare Fakten und Beispiele. Im obigen Beispiel wird der detail-konkret-orientierte Mensch einfach die Struktur des Blattes wahrnehmen. „Aha, ein Blatt." Während der global-konkret-orientierte Mensch einfach den Wald sieht: „Aha, ein Wald."

Manchmal fragen mich Teilnehmer in meinen Seminaren, wo genau bei den neurologischen Ebenen der Unterschied zwischen der Ebene „Umgebung" und der Ebene „System" liegt. Wenn man doch zum Beispiel aus dem Weltraum Florida erkennt, dann wäre das konkret und somit Umgebung. Ist es natürlich nicht. Florida ist ein rein abstraktes politisches Konstrukt. Daher gehört es zur System-Ebene. Die Landzunge, die man aus dem Weltraum heraus erkennen kann, ist konkret. Es ist die reine Landschaft, die konkret ist.

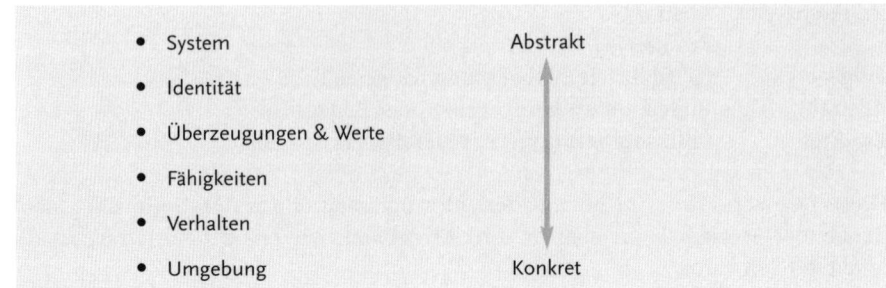

- System   Abstrakt
- Identität
- Überzeugungen & Werte
- Fähigkeiten
- Verhalten
- Umgebung   Konkret

Denkstil in der Praxis

Abstrakt denkende Mitarbeiter arbeiten schneller, wenn sie einen Plan, eine Skizze zur Umsetzung bekommen. Sie können mit Effizienzraten, Deadlines, Durchflussraten, Diagrammen etc. als Basis für ihre Aufgabe besser arbeiten.

Konkret denkende Mitarbeiter legen Wert darauf, dass klar ist, wer was, wann, wie und wo macht, und brauchen dies, um schneller und effizienter Aufträge umzusetzen.

Arbeitsstil

Denkstruktur:	Arbeitsstil
Bestimmung:	Wann arbeiten wir schneller: in Teams oder als Einzelkämpfer? Sind wir bereit, Verantwortung zu teilen?
Präferenzen:	Teamspieler
	Gruppenspieler
	Individualist
Frage:	Beschreiben Sie eine Arbeitssituation, die (Kriterium des Gesprächspartners) war. Was gefiel Ihnen daran?
Teamspieler:	Redet über „wir", „uns", „zusammen" etc.
Gruppenspieler:	Andere dabei, „ich habe es gemacht"
Individualist:	Macht alles alleine, andere getilgt

Bei dieser Denkstruktur geht es darum, welchen Arbeitsstil jemand bevorzugt.

Teamspieler

Menschen, die teamorientiert sind, bevorzugen es, ihre Arbeit im Team zu erledigen. Ihnen ist wichtig, die Arbeit und auch die Verantwortung zu teilen und gemeinsam und partnerschaftlich zu arbeiten. Sie sind durch das Team motivierter und schneller.

Gruppenspieler

Gruppenspielerorientierte Menschen haben gerne Menschen um sich herum, wollen aber ihren eigenen Verantwortungsbereich. Sie teilen gerne die Arbeit, aber nicht die Verantwortung.

Individualisten

Individualistisch orientierte Menschen bevorzugen es, Aufgaben selbstständig zu erledigen. Sie wollen selbstständig ihre Zeit einteilen und mögen es überhaupt nicht, wenn andere versuchen, in ihre Tätigkeit hineinzureden. Sie teilen weder gerne Arbeit noch Verantwortung.

Arbeitsstil in der Praxis

Planen teamorientierte Mitarbeiter die Aufteilung der Büros in einem neuen Firmengebäude, so werden sie aller Wahrscheinlichkeit nach Großraumbüros planen. Müssen sie in einem Einzelbüro arbeiten, so werden sie spätestens nach einer halben bis dreiviertel Stunde nervös und verlassen ihr Büro, um mit anderen in Kontakt zu treten. Teamorientierte Führungskräfte in Einzelbüros haben normalerweise immer die Tür zu ihrem Büro offen.

Individualisten würden dagegen immer Einzelbüros planen. Wenn sie in Großraumbüros arbeiten müssen, ist das für sie nervig. Haben sie eine wichtige Aufgabe zu erledigen, werden sie sich zurückziehen. Sie werden dann einen nicht genutzten Konferenzraum aufsuchen oder die Arbeit mit nach Hause nehmen. Arbeiten sie in einem Einzelbüro, werden sie die Tür schließen.

In sich widersprüchlich sind daher Stellenanzeigen mit dem Text: „Wir suchen den eigenständig motivierten und selbstständigen Mitarbeiter, der gerne im Team arbeitet!" – entweder sucht man einen eigenständig motivierten und selbstständig arbeitenden Mitarbeiter oder jemanden, der gerne im Team arbeitet. Individualisten arbeiten nur dann schnell mit (nicht: in) Teams, wenn sie ihren eigenen Verantwortungsbereich haben und irgendwo in Ruhe allein arbeiten können.

Primäre Aufmerksamkeit

Denkstruktur:	Primäre Aufmerksamkeit
Bestimmung:	Wen wollen wir zuerst unterstützen?
Präferenzen:	Selbstsorge
	Fürsorge
Frage:	(Wird durch Beobachtung festgestellt)
Selbstsorge:	Kümmert sich zuerst um sich selbst
Fürsorge:	Kümmert sich zuerst um andere

Hier geht es um die Frage, sorgt jemand zuerst für sich selbst oder zuerst für andere.

Selbstsorge

Selbstsorge-Menschen kümmern sich in erster Linie um sich selber. Diese Menschen können im Allgemeinen gut für sich selber sorgen. Sie wissen, was sie brauchen, und können sich das auch ohne große Rücksprache besorgen. Sie gehen meist sorgsam mit sich selber um und sind sehr auf sich bedacht. (Das heißt nicht, dass sie Egoisten sind.)

Fürsorge

Fürsorgeorientierte Menschen empfinden wir als zuvorkommend, umsichtig und höflich, da sie sich zuerst um andere kümmern und dann erst um sich. Sie können also sehr gut für andere sorgen.

Ein kleines Beispiel: Ein Selbstsorge-Mensch würde einen Kollegen fragen, ob er einen Kaffee möchte, weil er selbst jetzt einen haben will und bei der Gelegenheit seinem Kollegen auch eine Tasse mitbringen würde. Ein fürsorgeorientierter Mensch in derselben Situation würde den Kaffee für seinen Kollegen holen und bei der Gelegenheit für sich auch eine Tasse mitbringen.

Primäre Aufmerksamkeit in der Praxis

Selbstsorgeorientierte Mitarbeiter sind überall dort motiviert, wo es um Performance geht. Sie wissen, was sie brauchen, und verschaffen sich selbstständig ein Umfeld, in dem sie arbeiten können beziehungsweise ihre Leistung erbringen können. Sie sind beispielsweise als Außendienstmitarbeiter einsetzbar, weil sie ohne ihre Kollegen selbstständig agieren und für ihr Wohlbefinden selber sorgen. Sportler sind großteils selbstsorgeorientierte Menschen (auch in einem Mannschaftssport).

Fürsorgeorientierte Mitarbeiter sind klassische Helfer und Dienstleister. Sie sind auf das Wohl ihres Teams, ihres Vorgesetzten und der Kunden bedacht und stellen dabei ihre eigenen Bedürfnisse hinten an. Der Archetypus eines fürsorgeorientierten Menschen ist eine Hausfrau und Mutter, die der gesamten Familie das Essen serviert und immer wieder nachschenkt und dabei vergisst, selbst etwas zu essen.

Fürsorge ist übrigens ein verstecktes Dominanzstreben. Man findet es häufig in helfenden Berufen. Spricht man diese Mitarbeiter jedoch darauf an, werden sie dieses Dominanzstreben in aller Regel mit Vehemenz von sich weisen.

Selbstsorge lernt man übrigens auf jedem Flug. Vorne stehen die Flugbegleiter und demonstrieren, wie man Sauerstoffmasken aufsetzt, falls es zu einem Druckverlust in der Kabine kommt. Die Passagiere werden ausdrücklich angewiesen, zuerst sich selbst die Sauerstoffmaske aufzusetzen, bevor sie ihrem Nachbarn helfen – selbst wenn es das eigene Kind ist.

Der Hintergrund dieser Anweisung ist klar: Ist mein Nachbar aufgrund des Druckverlustes, der herabfallenden Sauerstoffmasken und dem darauffolgenden Absinken der Maschine (zum Ausgleich des Druckverlustes) in Panik geraten, so wird es schwierig, ihm seine Sauerstoffmaske aufzusetzen. Da kann es passieren, dass man selbst in Ohnmacht fällt, bevor dies gelungen ist. Damit hat man dann weder dem Nachbarn noch sich selbst die lebensrettende Sauerstoffmaske aufgesetzt. Hilft man sich zuerst selbst, ist genügend Zeit, dem Nachbarn zu helfen, selbst wenn er schon in Ohnmacht gefallen ist.

Zeitorientierung

Denkstruktur: Zeitorientierung
Bestimmung: Worauf beziehen wir uns in neuen Situationen?

Präferenzen:	Vergangenheit
	Gegenwart
	Zukunft
Frage:	(Wird durch Beobachtung festgestellt)
Vergangenheit:	Redet über Vergangenes
Gegenwart:	Redet über Gegenwärtiges
Zukunft:	Redet über Zukünftiges

Zeitorientierung ist ein fundamentaler Bestandteil unserer Persönlichkeit. Er gibt Auskunft darüber, wie leicht es uns fällt, pünktlich zu sein, und wie präsent wir im „Hier und Jetzt" sind.

Vergangenheit

Vergangenheits-Menschen besinnen sich in neuen Situationen auf ihre Erfahrung und das, was in der Vergangenheit in ähnlichen Situationen war. Dadurch haben sie die Fähigkeit, aus der Vergangenheit zu lernen.

Gegenwart

Gegenwart-Menschen leben im Hier und Jetzt. Sie haben einen leichten Zugang zu dem, was jetzt aktuell ist, und lassen sich nicht von Vergangenem beeinflussen beziehungsweise denken nicht sofort daran, was in Zukunft kommen wird. Dadurch sind diese Menschen sehr präsent und oft auch spontan.

Zukunft

Zukunfts-Menschen entwickeln aus gegenwärtigen Situationen sofort Zukunftspläne. Sie sind rasch beim „Weiterspinnen" der Situation und fragen sich immer, was sich aus der gegenwärtigen Situation für die Zukunft ableiten lässt.

Zeitorientierung in der Praxis

Es gibt mehrere Arten, Zeit innerlich zu organisieren. Grundsätzlich gibt es zwei verschiedene Arten. Man ist:

1. assoziiert in der Zeit: In-der-Zeit
2. dissoziiert von der Zeit: Meta-zur-Zeit.

Die assoziierte Zeitorganisation ist wahrscheinlich unsere natürliche Art und Weise, Zeit zu organisieren. Man lebt einfach im Hier und Jetzt. Das sind die Menschen, die die Gegenwart bevorzugen. Sie sind normalerweise sehr präsent. Andererseits müssen sie sich anstrengen, um pünktlich zu sein. Diese Art der Zeitwahrnehmung findet man vor allem in nicht oder wenig industrialisierten Ländern. Bildlich sieht das so aus:

Assoziiert: In-der-Zeit

Freunde von mir zogen von Hamburg nach Spanien und wussten schon um die andere Zeitwahrnehmung dort. Sie luden neue Freunde zum Abendessen ein. Da sie um neun Uhr abends essen wollten, luden sie für acht Uhr ein. Wann kamen die neuen Freunde? Eine halbe Stunde vor Mitternacht, ohne auch nur ein einziges Wort über das verspätete Erscheinen zu verlieren.

Ich erzählte diese Geschichte einer Frau, die in Hamburg mit einem Spanier verheiratet ist. Sie meinte nur, das sei gar nichts. Das mexikanische Zeitempfinden sei noch etwas extremer. Ihr Gatte traf in Hamburg in der Bahn einen Mann, der auch Spanisch sprach. Nachdem sie das festgestellt hatten, unterhielten sie sich etwas länger. Ihr Gatte lud daraufhin den Mann, einen Mexikaner, zu sich nach Hause ein. Er fragte den Mann, wann er denn kommen wollte. Der Mexikaner antworte: „Jetzt gleich!" Er müsse nur noch eine Kleinigkeit zuvor erledigen. Ihr Gatte war einverstanden und eilte nach Hause, um den Besuch des Mexikaners vorzubereiten. Vier Wochen (!) später klingelte es, und der Mexikaner stand vor der Tür: „Hallo, hier bin ich."

Diese völlig andere Zeitwahrnehmung stößt im Allgemeinen bei Nordeuropäern auf Unverständnis, denn sie organisieren Zeit völlig anders. Dies liegt wahrscheinlich daran, dass es hier vor 250 Jahren die industrielle Revolution gab. Im Zuge dieser Umstellung wurde es enorm wichtig, Zeit genau zu planen. Wer das konnte, hatte einen echten Vorsprung.

Um Zeit gut planen zu können, ist es vorteilhaft, sie im Überblick zu haben. Das erreicht man am einfachsten, indem man gedanklich einen Schritt zurücktritt und sie von außen betrachtet. Man dissoziiert sich von der Zeit und nimmt damit eine Metaposition ein. Das sieht dann ungefähr so aus:

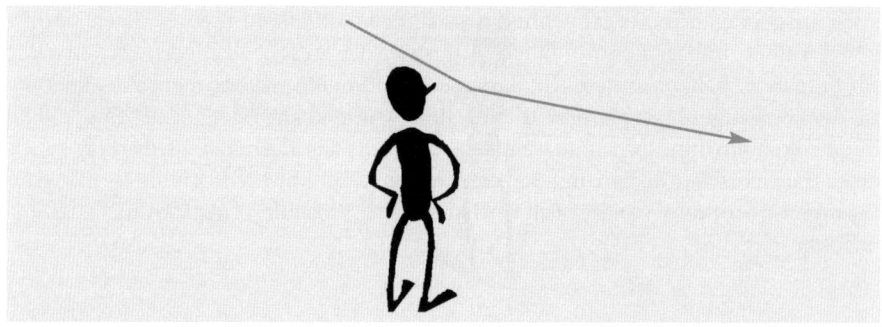

Dissoziiert von der Zeit: Meta-zur-Zeit

Diese Art der Zeitwahrnehmung kann man daran erkennen, dass es keine Präferenz in der Zeitorientierung gibt. Die Werte für Vergangenheit, Gegenwart und Zukunft sind ungefähr gleich.

Menschen, die Zeit so wahrnehmen, sind ohne jegliche Anstrengung sehr pünktlich. Meist erscheinen sie fünf Minuten vor der verabredeten Zeit, während Menschen mit der assoziierten Zeitwahrnehmung nur dann pünktlich sind, wenn sie sich anstrengen. Das tun sie nur, wenn es ihnen wirklich wichtig ist. In der Regel kommen sie in Nordeuropa eine viertel bis eine halbe Stunde zu spät. Dass es nicht noch später wird, liegt an den Normen in Nordeuropa. Ziehen diese Menschen nach Südeuropa um, werden sie dort als überpünktlich wahrgenommen.

Diese unterschiedliche Wahrnehmung der Zeit ist eine der größten Herausforderungen in der Überbrückung kultureller Unterschiede. Viele Firmen, die sahen, wie billig Arbeitskräfte in südlichen Ländern zu haben sind, und deshalb Produktionsstätten dorthin verlagerten, haben sich von dort wieder zurückgezogen – hauptsächlich aus diesem Grund. Man konnte sich nicht darauf verlassen, dass die Arbeiter pünktlich zur Arbeit erschienen. Oft musste man sogar froh sein, wenn sie überhaupt kamen.

Andererseits erleben Menschen aus den südlichen Bereichen die Zeitauffassung der Nordeuropäer als beengend und neben dem Leben stehend. In gewisser Weise stimmt dies ja auch. Ist man in der Metazeit, so ist man dissoziiert von der Gegenwart. Man steht buchstäblich neben dem „Hier und Jetzt".

Man kann aus der Zeitorientierung noch mehr ablesen: Eine Klientin hatte offensichtlich eine Meta-zur-Zeit-Orientierung: Gegenwart und Zukunft waren gleich stark ausgeprägt, die Vergangenheit war dagegen auffallend niedrig. Auch war sie bei Terminen immer überpünktlich. Aufgrund der auffallend niedrigen Präferenz für Vergangenheit vermutete ich, dass die Klientin eine Art traumatisches Erlebnis in der Vergangenheit hatte und dies unbewusst ausblendete. Auf eine solche Möglichkeit hin angesprochen, wechselte sie sofort das Thema, ohne die Frage nach einer traumatischen Erfahrung zu beantworten. Dies war für mich die Bestätigung für meine Vermutung. Dieser Fall wird im Kapitel „Coaching" noch einmal ausführlicher beschrieben.

Zeitrahmen

Denkstruktur:	Zeitrahmen
Bestimmung:	Wie lange planen wir voraus?
Präferenzen:	Langfristig
	Kurzfristig
Frage:	(Wird durch Beobachtung festgestellt)
Langfristig:	Redet über das, was langfristig ansteht
Kurzfristig:	Redet über das, was kurzfristig ansteht

Diese Denkstruktur ist vom beruflichen Kontext abhängig. Wechselt jemand den Arbeitsplatz, so können sich sehr schnell aufgrund der geänderten Anforderung des neuen Arbeitsplatzes auch die Werte in diesen Präferenzen ändern.

Langfristig

Langfristig denkende Menschen planen. Das heißt, sie fühlen sich wohl, wenn sie über Wochen, Monate und gegebenenfalls sogar Jahre hinaus eine Vorstellung davon haben, was passieren wird. Diese Menschen tun sich verständlicherweise damit schwer, ad hoc ihren Zeitplan zu ändern. Das gilt insbesondere dann, wenn sie gleichzeitig prozedurenorientiert sind.

Kurzfristig

Diese Menschen tun sich schwer, ihre Zeit einzuteilen und zu planen. Sie sind spontan und planen nicht weit voraus. Langfristige Zeitplanungen sind ihnen ein Gräuel; denn sie geben ihnen das Gefühl, sich damit zu binden.

Zeitrahmen in der Praxis

Langfristig denkende Mitarbeiter sind Planer und Strategen. Sie brauchen eine lange Vorlaufzeit für Termine und Deadlines für Aufgaben. Das ermöglicht ihnen effizientes und für sie ökonomisches Arbeiten in langen Zeitphasen. Bei starker Neigung in diese Richtung übersehen diese Mitarbeiter gerne kurzfristige Auswirkungen einer Situation und können somit oft nicht rasch reagieren.

Kurzfristig denkende Mitarbeiter reagieren schnell und unmittelbar. Sie können improvisieren und sind als Trouble-Shooter oft hilfreich.

Bei zu großer Ausprägung allerdings besteht die Gefahr, dass langfristige Auswirkungen ihres raschen Handelns übersehen werden.

Wie schon im Vergleich von großen Unternehmen und KMU am Anfang des Buches beschrieben, denken Manager von börsennotierten Unternehmen im Allgemeinen nur in Dreimonatszyklen. Dies ist viel zu kurzfristig. Meiner Meinung nach ist dies einer der großen Fehler in der heutigen Wirtschaft. Es gibt ein japanisches Unternehmen, das hat einen Businessplan von 100 Jahren.

Da fragen sich bestimmt viele: „Businessplan über 100 Jahre? Das ist doch Blödsinn. Man kann doch gar nicht wissen, was in 100 Jahren ist. Bis dahin gibt es doch so viele neue Entwicklungen, die man doch unmöglich schon jetzt voraussehen kann." Stimmt, man kann nicht wissen, was in 100 Jahren ist.

Ein Businessplan für die nächsten 100 Jahre hat auch gewiss nicht das Ziel, auf den Cent genau einen Gewinn zu planen oder Ähnliches. Auch sollte man im Kopf behalten, dass Ziele nicht etwas sind, was in Stein gemeißelt wird.

Pläne und Ziele lassen sich jederzeit geänderten Rahmenbedingungen anpassen. Der Sinn ist vielmehr, dem Unternehmen eine Grundrichtung zu geben. Dadurch rücken langfristige Ziele mehr ins Bewusstsein, und Chancen, die zwar einen kurzfristigen Gewinn bringen, langfristig dem Unternehmen aber schaden, werden dann eher erkannt und ausgelassen.

Überzeugungskanal

Denkstruktur:	Überzeugungskanal
Bestimmung:	Auf welchem Sinneskanal will jemand selbst überzeugt werden beziehungsweise andere überzeugen?
Präferenzen:	Zusehen
	Zuhören
	Lesen
	Handeln
Frage:	Wie wissen Sie, ob jemand etwas gut macht?
Zusehen:	Will beobachten
Zuhören:	Will darüber reden
Lesen:	Will darüber lesen, braucht logische Argumente
Handeln:	Will es selbst ausprobieren

Beim Überzeugungskanal geht es um die Frage: „Wo wird der Schalter von ‚nicht überzeugt‘ auf ‚überzeugt‘ umgelegt?" Häufig stimmt der Überzeugungskanal zwar mit dem bevorzugten Sinneskanal überein, aber interessanterweise kommt es auch häufig vor, dass er ausgerechnet der Sinneskanal ist, der am wenigsten ausgeprägt ist. Menschen versuchen meist, andere auf dem eigenen Überzeugungskanal zu überzeugen.

Zusehen

Zusehen-Menschen wollen ihre Mitmenschen beobachten. Sie wollen sich anschauen, was Sache ist, und entscheiden sich für etwas, wenn es für sie „gut aussieht".

Zuhören

Zuhören-Menschen holen sich ihre Entscheidungskriterien, indem sie mit anderen darüber reden und diskutieren. Es muss „gut klingen" oder sich „gut anhören", damit sie sich dafür entscheiden.

Lesen

Lesen-Menschen lieben Prospekte, Unterlagen, Testberichte und schriftlich verfasste Kundenmeinungen oder auch Fachzeitschriften. Sie schenken dem, was sie gelesen haben, am meisten Vertrauen, und es muss für sie „Sinn machen".

Handeln

Handeln-Menschen probieren alles selber aus, bevor sie sich für etwas entscheiden. Ihre Entscheidungsgrundlage ist das eigene Erleben. Daher wollen Entscheidungsträger zum Beispiel oft mit einem Bewerber eine Zeit lang zusammenarbeiten, bevor sie sich für ihn entscheiden. Nur so können sie „hautnah" erleben, wie jemand arbeitet.

Überzeugungskanal in der Praxis

Es wird zwar gemessen, auf welchem Sinneskanal jemand überzeugt werden möchte. Viel interessanter ist in diesem Zusammenhang aber, dass viele Menschen versuchen, andere genau auf dieselbe Art zu überzeugen, wie sie sich selbst von etwas überzeugen. Erst wenn sie sich dieser Unterschiede bewusst werden, können sie sich angemessen an die Denkstruktur ihres Gegenübers anpassen.

Zusehen-Mitarbeiter wollen durch visuelle Präsentationen überzeugt werden. Lange Vorträge und Expertisen auf Papier werden ignoriert und als entscheidungshemmend empfunden.

Zuhören-Mitarbeiter hingegen wollen das, was sie entscheiden sollen, erklärt bekommen. Sie wollen es von ihrem Gegenüber argumentativ hören. Sie wollen auch über die Angelegenheiten reden.

Lesen-Mitarbeiter motiviert man in Entscheidungsprozessen durch das Vorlegen einer umfangreich ausgearbeiteten Projektmappe, untermauert mit Fachartikel, Statistiken, Prospekten. Diese Präferenz ist eher selten. Man findet sie am ehesten bei Rechtsanwälten.

Handeln-Mitarbeiter wollen das, worüber sie entscheiden müssen, spüren. Sie werden dann Ja sagen, wenn sie es selber ausprobiert haben und es sich gut anfühlt.

Ich habe einmal einem Verkäufer, der eine sehr hohe Ausprägung bei Zuhören hatte, Feedback gegeben. Die anderen Überzeugungskanäle waren deutlich niedriger. Ich sagte zu ihm, dass er wohl seine Kunden am ehesten durch Reden zu überzeugen sucht – sie also im wahrsten Sinne des Wortes *über-redet*. Er daraufhin: „Genau. Ich warte auf den Moment, in dem er Luft holt. Da springe ich dann rein. Und dann quatsch' ich ihm ein Ohr ab."

In einem anderen Fall hatte ich bei einem meiner Geschäftspartner eine hohe Präferenz fürs Lesen festgestellt. Als ich zu ihm sagte, dass er von dem, was ich bislang alles erzählt hatte, wohl wenig glauben würde, erwiderte er: „Da kannst du drauf wetten. Ich werde nach unserem Gespräch erst einmal im Internet surfen und alles nachlesen. Und wenn ich dann dort deine Aussagen bestätigt finde, dann werde ich dir glauben."

Überzeugungsmodus

Denkstruktur:	Überzeugungsmodus
Bestimmung:	Wie erkennen wir, dass etwas wahr ist?
Präferenzen:	Anzahl der Male
	Zeitdauer
	Skepsis
	Vertrauen
Frage:	Wie oft beziehungsweise wie lange muss jemand etwas machen, bis Sie überzeugt sind, dass er/sie es gut macht?
Anzahl d. Male:	Will etwas circa drei bis sechs Mal erleben
Zeitdauer:	Will etwas über einen bestimmten Zeitraum erleben
Skepsis:	Will immer wieder aufs Neue überzeugt werden
Vertrauen:	Gibt Vertrauensvorschuss

Menschen haben individuelle Parameter, an denen sie festmachen, ob etwas wahr ist oder nicht. Sie müssen etwas entsprechend häufig oder über einen gewissen Zeitraum wahrnehmen. Und sie haben eine gewisse Grundskepsis oder ein Grundvertrauen in andere Menschen.

Anzahl der Male

Anzahl-der-Male-Menschen brauchen die Wiederholung. Sie sind erst dann überzeugt, wenn Sie mehrmals etwas als zutreffend erlebt haben. Die meisten Menschen müssen etwas drei bis sechs Mal erleben, um überzeugt zu sein. Sie sind die Menschen, die am ehesten Vertrauen schenken.

Zeitdauer

Zeitdauer-Menschen brauchen Zeit, sie wollen über einen längeren Zeitraum beobachten, bis sie von einer Sache oder einer Person überzeugt sind. In der Regel sind sie schon etwas skeptischer. Eine Ausnahme bilden hier rein berufliche Gegebenheiten, bei denen man bei bestimmten Experimenten einen gewissen Zeitraum abwarten muss, bevor man weiß, ob es gelungen ist.

Skepsis

Skepsis-Menschen lassen eine generelle Vorsicht walten, bevor sie tatsächlich überzeugt sind. Sie sind ständig skeptisch und pflegen grundsätzlich ihr Misstrauen gegenüber allem und jedem. Dies ist eine wichtige Präferenz für die Qualitätskontrolle, denn sie prüfen alles und jedes immer wieder aufs Neue. Solche Leute eignen sich hervorragend für die Wartung von Flugzeugen und andere sicherheitsrelevante Tätigkeiten.

Vertrauen

Vertrauen-Menschen hingegen gehen mit der Grundstimmung, dass es passt, an eine Sache heran. Sie brauchen weder Beweise noch Bezeugungen. Ihre Strategie ist der Vertrauensvorschuss und die anschließende Prüfung dessen.

Überzeugungsmodus in der Praxis

Im Management ist generell Vertrauen gefragt. Man kann nur dann wirklich delegieren, wenn man vertraut. Sonst müsste man alles kontrollieren, und das hieße, man könnte es auch gleich selbst machen. Genau dies tun misstrauische Menschen.

Ich habe noch keinen Beweis dafür, aber ich hege aufgrund der Gespräche, die ich mit Klienten geführt habe, die Vermutung, dass das Vertrauen in andere auch anzeigt, inwieweit man sich selbst vertraut.

Doch hier gibt es auch Ausnahmen: Rechtsanwälte haben häufig gleich viel Vertrauen und Skepsis. Das macht auch Sinn: Einerseits müssen sie ihren Angestellten oder ihren Klienten vertrauen, andererseits müssen sie grundsätzlich allem misstrauen, was von der Gegenseite kommt.

Ich habe einmal dabei geholfen, einen neuen Mitarbeiter für die Personalabteilung eines größeren Unternehmens zu finden. Bei einer Kandidatin identifizierte ich genau dieses Muster. Als ich zu ihr sagte, dass ich dieses Muster sonst nur von Juristen kennen würde, lachte sie und meinte: „Ich bin Juristin!"

Managementstil

Denkstruktur:	Managementstil
Bestimmung:	Wie ist der Führungsstil einer Person?
Präferenzen:	Managend
	Selbstreflexiv
	Instruierend
	Nicht managend
	Nicht reflexiv
Fragen:	1. Reflektieren Sie sich selbst?
	2. Reflektieren Sie andere?
	3. Fällt es Ihnen leicht, Ihre Erkenntnisse den anderen mitzuteilen?
Managend:	Antwort aller drei Fragen: „Ja"
Selbstreflexiv:	Antwort: 1. Frage „Ja", 2. „Nein"
Instruierend:	Antwort: 1. Frage „Nein", 2. und 3. „Ja"
Nicht managend:	Antwort: 1. und 2. Frage „Ja", 3. „Nein"
Nicht reflexiv:	Antwort aller drei Fragen: „Nein"

Anhand dieser Denkstruktur kann man feststellen oder vorhersagen, ob jemand den Wunsch und die Fähigkeit hat, andere zu führen. Die hier vorgestellte Denkstruktur bildet allerdings lediglich *eine* Voraussetzung für Führung.

Managend

Managend-Menschen sind umsichtig in ihrem Umgang mit den Mitmenschen. Sie sind in der Lage, sich selber ebenso zu reflektieren wie andere zu beobachten. Sie wissen selber, was sie zu tun haben. Sie wissen aber auch, was andere zu tun haben, und sind bereit, es ihnen auch zu sagen.

Selbstreflexiv

Selbstreflexiv-Menschen kümmert es nicht, was andere Menschen tun sollten. Es ist ihnen schlicht und einfach unwichtig. Sie sind in erster Linie damit beschäftigt, sich selber zu reflektieren, und lieben häufig die Unabhängigkeit. Sie entwickeln häufig Selbstdisziplin und Selbstkontrolle. Sie arbeiten gerne in einer Stabsfunktion.

Instruierend

Instruierend-Menschen tun in der Regel das, was ihre Vorgesetzten von ihnen verlangen. Sie wissen meist genau, was andere tun sollten, und sagen es ihnen auch; allerdings schaffen sie es meist nicht, sich selber zu reflektieren. Diese Präferenz findet man häufig im mittleren Management.

Nicht managend

Nicht-managend-Menschen wissen, was sie tun sollten, und wissen das auch von den anderen. Doch „Wer bin ich schon, dass ich den anderen sagen könnte, was sie zu tun haben?" scheint ihre Grundhaltung zu sein. Sie wechseln manchmal zu „Managend", wenn sie in eine Managementposition kommen, aber einen Garantieschein gibt es dafür nicht. Daher spricht einiges dafür, diese Menschen zunächst zu trainieren und/oder zu coachen, bevor sie in eine Managementposition wechseln.

Nicht reflexiv

Nicht-reflexiv-Menschen können weder sich selbst noch andere reflektieren. Man sollte ihnen daher auch nicht ohne vorheriges Training und Coaching eine Managementposition übertragen.

Managementstil in der Praxis

Managend-Mitarbeiter sind von ihrem Stil her in Kombination mit Flexibilität in Sinneskanal, Perspektive, Referenz und Informationsgröße die optimalen Führungskräfte. Ihr Führungsstil wird ein umfassender sein, der sowohl das eigene

Interesse als auch das der Mitarbeiter berücksichtigt. Diese Mitarbeiter haben als Führungskraft die Fähigkeit, andere mitzunehmen und ihre eigene Arbeit als auch die ihrer Mitarbeiter zu strukturieren. Sie sind für Anregungen offen und geben diese auch an ihre Mitarbeiter.

Selbstreflexiv-Menschen brauchen Freiräume und Unabhängigkeit. Sie kümmern sich um sich und ihre Aufgabe. Ihre Fähigkeit, andere zu motivieren und in einem Prozess mitzunehmen, ist nicht ausgeprägt.

Instruierend-Mitarbeiter sind klassische gute Verwalter. Sie sind Ausführende und wollen das auch bleiben. Sie sind konstruktiv, was ihre Vorschläge an andere betrifft, schaffen es aber meist nicht, sich selber zu hinterfragen. Werden diese Mitarbeiter im Rahmen einer Personalreduzierung freigesetzt, haben sie häufig Probleme, einen neuen Job zu finden. Für genau diese Mitarbeiter wurden Outplacement-Beratungen erfunden.

Nicht-Managend-Mitarbeiter streben meist keine Führungsposition von sich aus an. Sollten sie befördert werden, können sie auf den Managementstil „Managend" wechseln. Doch dafür gibt es keine Garantie.

Mich fragte einmal ein Personalchef eines größeren Unternehmens, was es denn bedeute, dass jemand die Präferenz „Nicht reflexiv" habe. Ich sagte daraufhin, jemand mit der Präferenz „Nicht reflexiv" sollte keinesfalls eine Managementposition bekleiden. Darauf erwiderte er leicht ironisch: „Oh gut, dass wir darüber reden. Genau diese Position habe ich dem besagten Bewerber vor einem halben Jahr gegeben. Vergangene Woche habe ich ihn gefeuert." Meine Frage, warum er ihn denn eingestellt habe, beantwortete er: „Der hat im Assessment als Bester abgeschnitten und im persönlichen Gespräch einen hervorragenden Eindruck gemacht. Da dachten wir, dass mit dem ‚Nicht reflexiv' sei ein kleineres Problem."

6.5 Metaskalen

Diese Skalen werden rein statistisch aus den anderen Skalen ermittelt. Sie geben Auskunft, inwieweit jemand sozial erwünscht geantwortet hat, wie flexibel jemand ist und wie viel Persönlichkeit jemand nach außen zeigt.

Wie schon zuvor bemerkt, kann es einen Unterschied machen, wie stark die einzelnen Präferenzen ausgeprägt sind. Betrachten wir einige Beispiele: Es gibt Menschen, die scheinbar nur in „Weg-von"-Kategorien denken. Ist diese Art des Denkens besonders ausgeprägt, so werden sie selbst auf die Frage „Was möchten Sie denn anstatt ihres Problems gerne beruflich erreichen?" mit weiteren Dingen, die sie nicht wollen, antworten. Diese Menschen sind buchstäblich in einer Präferenz – hier: weg von einem Problem – gefangen und haben große Schwierigkeiten, sich die anderen Präferenzen einer Denkstruktur – hin zu einem Ziel – zugänglich zu machen. Andere Menschen, die in dieser Denkstruktur flexibler sind, erzählen Ihnen vielleicht ausführlich, was sie alles nicht wollen, können jedoch, wenn sie direkt nach den Zielen gefragt werden, sofort die Präferenz wechseln und ihre Zielrichtung benennen. Manche Menschen haben eine gleich starke Ausprägung bei beiden Präferenzen. Diese Menschen sind dann hochflexibel in beiden Denkpräferenzen.

Diese unterschiedliche Art der Flexibilität im Denken und Handeln gilt für alle zuvor beschriebenen Strukturen. Je nach Aufgabe ist eine hohe Flexibilität von Vorteil.

Theoretisch kann man in jeder einzelnen Präferenz 100 Prozent erreichen, jedoch nicht in allen gleichzeitig. Statistisch gesehen liegt die durchschnittliche Nutzung aller Präferenzen eines Menschen bei circa 65 Prozent (plus/minus 5 Prozent). Mehr oder weniger ist nicht besser – jedoch hat es eine andere Aussagekraft.

Andererseits ist es auch interessant, den durchschnittlichen Unterschied zwischen den Präferenzen zu berücksichtigen. Im Durchschnitt liegt dieser Unterschied bei 20 bis 25 Prozent. Werte darunter deuten auf eine hohe Flexibilität des Menschen hin, bei Werten darüber hat er „Ecken und Kanten" – er zeigt Persönlichkeit.

Kombiniert man die Metawerte, so ergeben sich folgende Quadranten:
1. Die durchschnittliche Nutzung ist über 70 Prozent und der durchschnittliche Unterschied über 25 Prozent: Dies zeigt eine Tendenz zur sozialen Erwünschtheit bei den Antworten. Die Nachricht ist: „Ich bin gut, und ich will, dass du weißt, wie gut ich bin."

---

2. Die durchschnittliche Nutzung ist über 70 Prozent und der durchschnittliche Unterschied unter 20 Prozent: Dies zeigt auch eine Tendenz zur sozialen Erwünschtheit bei den Antworten. Das Motto ist hier jedoch: „Ich bin gut, und weil ich so gut bin, musst du mich jetzt mögen."

3. Die durchschnittliche Nutzung ist unter 60 Prozent und der durchschnittliche Unterschied über 25 Prozent: Solche Menschen kümmern sich in der Regel wenig um soziale Erwünschtheit. Motto: „Ich bin, wie ich bin! Ob dir das gefällt oder nicht, das ist allein deine Entscheidung."

4. Die durchschnittliche Nutzung ist unter 60 Prozent und der durchschnittliche Unterschied unter 20 Prozent: Dies zeigt eine Tendenz zur Vorsicht bei den Antworten. Das Motto ist hier: „Nur nicht zu gut darstellen – besser ich stell' mein Licht unter den Scheffel."

Nachfolgende Darstellung zeigt natürlich nur Tendenzen auf. Diese vier Boxen sind in Wirklichkeit natürlich ein Kontinuum. Sie helfen jedoch, die Unterschiede plastisch zu machen.

	Nutzung unter 60 %	Nutzung über 70 %
Unterschied über 25 %	Ich bin, wie ich bin! Das gefällt dir oder nicht – ist allein deine Entscheidung!	Ich bin gut, und ich will, dass du weißt, wie gut ich bin!
Unterschied unter 20 %	Nur nicht zu gut darstellen – besser ich stell' mein Licht unter den Scheffel!	Ich bin so gut, deshalb musst du mich jetzt mögen!

Manche Menschen denken, wenn etwas nicht genutzt wird, dann wäre das eine Schwäche. Das wäre eine Fehlinterpretation. Es ist so wie beim Unterschreiben: Man wählt automatisch die eine Hand und wechselt nicht. Man unterschreibt auch nicht mit beiden Händen. Dies wäre eher ein Nachteil. Insofern kann das Nichtnutzen einer Präferenz im entsprechenden Kontext eine echte Stärke sein.

Solche Metaskalen erhält man am einfachsten mit einem computergestützten Profilsystem.

6.6 Kombinationen

Hochinteressant sind die Kombinationen der verschiedenen Einzelpräferenzen. Sie erlauben tiefe Einblicke in verschiedene Bereiche menschlichen Denkens. Leider ist es aufgrund der rein mathematisch möglichen Anzahl von Kombinationen unmöglich, sie in ihrer Gesamtheit vorzustellen. Auch sind sie bislang bei Weitem nicht alle erforscht, denn es gibt, wie schon zuvor erwähnt, über 1 000 Milliarden Kombinationsmöglichkeiten. So habe ich in diesem Buch nur einige besonders interessante Bereiche herausgesucht. Sie werden auf den kommenden Seiten dargestellt.

Die folgenden Kombinationen werden wie die einzelnen Präferenzen in Extremen dargestellt. Dies soll helfen, das dahinterliegende Prinzip zu verstehen. In Wirklichkeit sind solche Extremfälle selten. Kennt man sie jedoch, kann man relativ leicht auch die einzelnen Schattierungen wahrnehmen.

Vier Seiten einer Nachricht

Interessant ist der Zusammenhang zwischen der internalen Referenz und den „Vier Seiten einer Nachricht" nach Friedemann Schulz von Thun (1981)[23]. Das bedeutet, dass der Sprecher beziehungsweise der Sender einer Nachricht, ob er will oder nicht, immer vier Seiten aussendet. Dabei mag er vielleicht nur eine aussenden wollen. Der Empfänger erhält immer vier Seiten, hat aber seine Ohren meist nur für eine oder zwei Seiten geöffnet. Dies kann eine völlig andere sein, als der Sender meint. Die vier Seiten sind:
1. **Die Sachaussage**
2. **Der Appell**
3. **Die Beziehung**
4. **Die Selbstkundgabe**

Das klassische Beispiel von Friedemann Schulz von Thun: Sagt ein Beifahrer beim Warten an einer Ampel: „Die Ampel ist grün!", dann sind hier die vier Seiten dieser einfachen Nachricht:

1. **Sachaussage:** „Die Ampel ist grün."
2. **Appell:** „Fahr los!"
3. **Beziehung zum Beispiel:** „Ohne mich würdest du nicht rechtzeitig erkennen, dass die Ampel grün ist."
4. **Selbstkundgabe:** „Ich bin ungeduldig."

Hat jemand eine internale Referenz, so hört er entweder die Sachaussage oder die Selbstkundgabe, während der external Orientierte den Appell oder die Beziehungsaussage hört. Bildlich dargestellt, sieht das so aus:

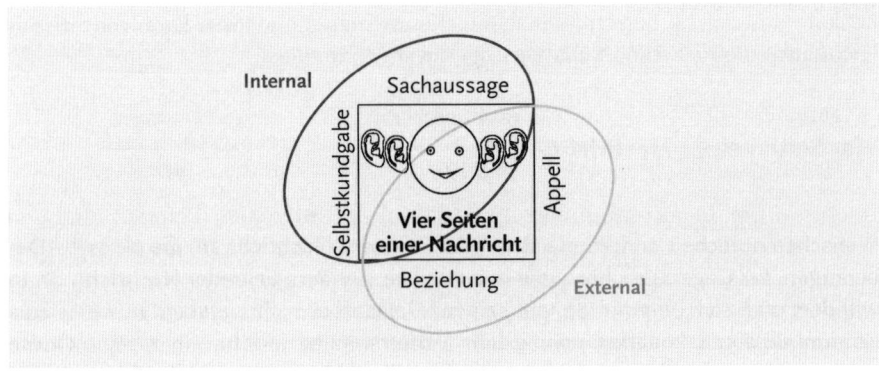

Mit anderen Worten, dies ist eine hervorragende Gelegenheit, Missverständnisse zu erzeugen. Während die eine Person beispielsweise nur etwas über sich erzählen möchte, startet die andere gleich, um ein Problem zu lösen.

Ein mir bekanntes Ehepaar saß abends auf der Couch, und die Situation wurde leicht romantisch. In dem Moment fiel der Frau auf, dass die Gardinenstange nicht mehr richtig befestigt war, und sagte dies zu ihrem Partner. Dabei wollte sie nur sagen, dass dies irgendwann in der nächsten Zeit mal gemacht werden müsste. Doch ihr Mann stand sofort auf und hat die Gardinenstange wieder ordentlich befestigt. Das war das Ende der romantischen Situation.

In Kombination mit den Präferenzen „Abstrakt" und „Konkret" kann genau die Seite einer Nachricht vorhergesagt werden, mit der jemand redet beziehungsweise zuhört. Das sieht dann bildlich so aus:

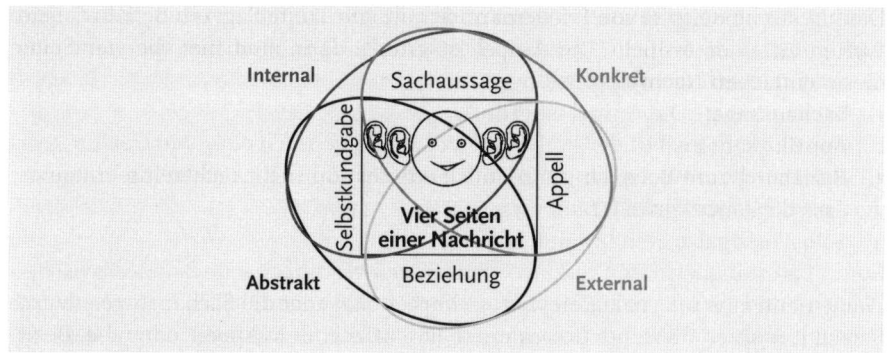

Und in Tabellenform so:

	Internal	External
Abstrakt	**Selbstkundgabe**	**Beziehung**
Konkret	**Sachaussage**	**Appell**

Menschen sprechen andere meist auf der Seite der Nachricht an, die sie selbst bevorzugen. Ihr Gegenüber hört aber eventuell eine andere Seite der Nachricht. Dann wundert man sich, wenn man von seinem Gegenüber nicht verstanden wird. Gute Kommunikatoren machen häufig Metakommentare, indem sie beispielsweise sagen: „Ich möchte hier einfach nur den Sachverhalt erwähnen, ohne daraus jetzt Aufforderungen zur Aktion oder Sonstiges abzuleiten." Das macht in jedem Falle deutlicher, wie sie die Nachricht verstanden wissen wollen.

Spontan bis unberechenbar

Spontaneität hat grundsätzlich drei Wurzeln, nämlich Präferenzen für:
1. Möglichkeiten
2. Aktiv
3. Gegenwart

Kommen alle drei zusammen, handelt es sich um sehr spontane Mitarbeiter.

Kommt zur zuvor genannten Spontaneität („Möglichkeiten", „Aktiv" und „Gegenwart") noch „Unterschiede" dazu, bekommt die hohe Spontaneität noch eine neue Qualität, nämlich die Abwechslung.

Im Zusammenhang mit der Präferenz „Polar" können sich diese Mitarbeiter überall dort entfalten, wo es darum geht, Standpunkte durchzusetzen, die entgegen dem betrieblichen Mainstream sind.

Kommt zu „Möglichkeiten", „Aktiv" und „Gegenwart" noch eine Balance zwischen „Gleich" und „Polar" dazu, ist dieser Mensch für andere völlig unberechenbar. Dies gilt insbesondere bei hoher internaler Referenz. Das liegt daran, dass ein Mensch bei einer Balance zwischen „Gleich" und „Polar" mal „gleich" und mal „polar" reagiert.

Qualitätskontrolle und Unterschiede

In einem Feedbackgespräch sagte ich zu meinem Klienten: „Einerseits haben Sie hohe Werte in ‚Unterschiede', andererseits niedrige in ‚Qualitätskontrolle'. Für mich heißt das: Gebe ich Ihnen einen 20-seitigen Text, so finden Sie sofort den einzigen Kommafehler darin. Sie haben aber keine Lust dazu, dies zu tun." Seine Antwort war: „Herr Maus, Sie haben gerade in einem einzigen Satz den Unterschied zwischen Kompetenz und Präferenz definiert. In der Tat ist es so. In meinem letzten Job arbeitete ich in einem Consulting-Unternehmen als Berater. Jedes Schreiben, dass die Firma verließ, ging über meinen Schreibtisch. Gerade als Consulting-Unternehmen ist es wichtig, sich optimal nach außen zu repräsentieren. Und Schreibfehler in Briefen machen sich da schlecht. Ich habe es gemacht, obwohl ich es überhaupt nicht mochte, weil ich der Einzige in der Firma war, der das wirklich konnte, und weil ich loyal zum Unternehmen war. Letztendlich hat es aber dazu geführt, dass ich gekündigt habe."

Dies finde ich ein sehr eindrucksvolles Beispiel dafür, dass es nicht nur darum geht, Menschen entsprechend ihren Kompetenzen einzusetzen. Die Person-Job-Passung umfasst ebenso die Präferenzen eines Menschen. Wenn diese Passung auf Dauer nicht gegeben ist, wird zumindest innerlich gekündigt – mit all den schon zuvor beschriebenen negativen Konsequenzen.

In diesem Fall hat der Selbstschutz dieses Mannes funktioniert. Wäre dies nicht der Fall gewesen, hätte dies auch persönlich negative gesundheitliche Konsequenzen haben können. Dazu später mehr.

Dominanz

Es gibt viele Profilsysteme, die Dominanz messen. Wie schon unter „Sinneskanal Fühlen" beschrieben, gibt es jedoch mehrere Arten, dominant zu sein. Die angenehme Art der Dominanz: Eine Person betritt einen Raum. Alle drehen sich um und freuen sich, dass diese Person da ist. Das ist bei charismatischen Personen der Fall. Dies wäre eine „wirkende Dominanz". Die unangenehme Variante: Eine Person betritt den Raum und „pfeift" alle zusammen. Dies wäre eine „bestimmende Dominanz".

Denkstruktur	Denkpräferenz	wirkend	bestimmend
Sinneskanal	Fühlen	hoch	hoch
Primäres Interesse	Menschen	hoch	niedrig
	Wissen	hoch	niedrig
	Dinge	niedrig	hoch
Perspektive	Eigen	hoch	hoch
	Gegenüber	hoch	niedrig
	Beobachter	hoch	niedrig
Motiv	Einfluss	niedrig	hoch
	Zuneigung	hoch	niedrig
Referenz	Internal	niedrig	hoch
	External	hoch	niedrig
Primäre Aufmerksamkeit	Selbstsorge	hoch	hoch
	Fürsorge	hoch	niedrig
Zeitorientierung	Vergangenheit	niedrig	hoch
	Gegenwart	hoch	niedrig
	Zukunft	niedrig	hoch
Überzeugungsmodus	Skepsis	niedrig	hoch
	Vertrauen	hoch	niedrig
Managementstil	Managend	hoch	–
	Selbstreflexiv	–	hoch

Mithilfe der hier vorgestellten Präferenzen ist es möglich, die verschiedenen Arten von Dominanz zu identifizieren. Stellvertretend wurden hier die beiden Extreme tabellarisch dargestellt. Selbstverständlich gibt es auch hier nicht nur Schwarz und Weiß, sondern alle Facetten dazwischen.

Je mehr Denkpräferenzen in einem Profil auf der wirkenden Seite mit einer hohen Ausprägung vorhanden sind, umso angenehmer wird bei dieser Person die Art der Dominanz von anderen empfunden.

Durchsetzungsvermögen

Wie schon zuvor unter „Dominanz" beschrieben, gibt es Menschen mit angenehmer und weniger angenehmer Dominanz. Dominanz ist nicht gleich dem Durchsetzungsvermögen. Dazu braucht man erst einmal die „natürliche" Dominanz, den Sinneskanal „Fühlen". Dazu kommt ein Verbundensein mit den eigenen Emotionen, also der Perspektive „Eigen". Wichtig ist auch der Wille, führen und bestimmen zu wollen. Dies kommt aus dem Motiv „Einfluss" heraus. Und nicht zuletzt ist die innere Überzeugung, das Richtige zu tun, von Bedeutung – die interne Referenz. Kommt dies alles bei einer Person zusammen, erfüllt dieser jemand die Grundvoraussetzung für Durchsetzungsvermögen. Dies ist in manchen Situationen wünschenswert, jedoch nicht in allen. Tabellarisch sieht dies so aus:

	Sinneskanal: Fühlen
+	Perspektive: Eigen
+	Motiv: Einfluss
+	Referenz: Internal
=	**Durchsetzungsvermögen**

Guter Kommunikator bis führungsstark

In den vorangegangenen Kapiteln habe ich bereits des Öfteren angemerkt, dass eine hohe Flexibilität in der Kommunikation von Vorteil ist. Nach meiner Erfahrung ist diese Flexibilität in den folgenden Denkstrukturen besonders wichtig:

	Sinneskanal: flexibel
+	Perspektive: flexibel
+	Arbeitsorientierung: flexibel
+	Überzeugungskanal: flexibel
=	**kommunikationsstark**

Gibt es bei einem Menschen in obigen Denkstrukturen eine hohe Flexibilität zwischen den einzelnen Präferenzen, so werden sie von anderen als kommunikationsstark wahrgenommen. „Flexibel" bedeutet hier, Unterschiede bis maximal 20 Prozent zwischen den einzelnen Präferenzen.

Dies allein reicht jedoch noch nicht, um auch als führungsstark zu gelten. Hier gibt es höhere Anforderungen. Kommunikationsstärke ist lediglich eine Voraussetzung für Führungsstärke.

Sinneskanal: flexibel
+ Perspektive: flexibel
+ Motive: flexibel
+ Referenz: Internal mit External
+ Arbeitsorientierung: flexibel
+ Informationsgröße: flexibel
+ Zeitrahmen: langfristig
+ Überzeugungskanal: flexibel
+ Managementstil: Managend
= **führungsstark**

Bei der Referenz ist eine internale Referenz erforderlich, jedoch immer noch flexibel zur externalen. Das Motiv sollte ebenso flexibel sein, jedoch jede einzelne Skala unter 50 Prozent. Es gehört beim primären Interesse noch „Menschen" als eines der ersten beiden Interessen dazu.

Manager hingegen sind in obigen Denkpräferenzen nicht so flexibel. In den Motiven liegen die einzelnen Skalen über 60 Prozent. Meist wird eines der drei Motive deutlich weniger bevorzugt. Der Zeitrahmen ist eher kurzfristig. Auch sie haben häufig im Managementstil die Präferenz „Instruierend".

Durchhaltevermögen

Durchhaltevermögen entsteht aus dem unbedingten Wunsch, ein bestimmtes Ziel zu erreichen, einer starken Präferenz für die Richtung „Hin-zu" gepaart mit der inneren Überzeugung, das Richtige zu tun, der Referenz „Internal". Dazu kommt die Präferenz „Aktivitätsgrad: Non-aktiv". Tabellarisch sieht dies so aus:

Richtung: Hin-zu
+ Referenz: Internal
+ Aktivitätsgrad: Non-aktiv
= **Durchhaltevermögen**

Die Präferenz Non-aktiv mag hier zunächst vielleicht überraschend sein. Man sollte jedoch daran denken, dass „Non-aktiv" nicht heißt, nichts zu tun, sondern vielmehr auf äußere Einwirkungen nicht zu reagieren.

Das Motiv „Einfluss" würde das Durchhaltevermögen noch verstärken. Ein Beispiel hierfür ist der ehemalige deutsche Bundeskanzler Helmut Kohl. Er hat Dinge ausgesessen und nur im Hintergrund die Fäden gezogen, um seinen Willen durchzusetzen. Helmut Kohl ist dabei ein Beispiel für Dominanz, gepaart mit Durchsetzungs- und Durchhaltevermögen.

Krisenmanagement

Aktive und „Weg-von"-orientierte Mitarbeiter sind in Kombination mit „Kurzfristig" und „Konkret" Auslöser für Krisenmanagement. Sie wollen Probleme kurzfristig vom Tisch haben. Sie handeln dann aktiv im Moment, ohne groß nachzudenken. Dann wundern sie sich ein paar Tage später, wo denn die neuen Probleme herkommen. Ironischerweise werden gerade diese Mitarbeiter häufig für ihr Vorgehen belohnt. Sie werden als Mitarbeiter angesehen, die aktiv Probleme anfassen und lösen. Durch die Präferenzen „Kurzfristig" und „Konkret" wird nur nach einer Lösung für das akute Problem gesucht. Man ist sich der Konsequenzen des eigenen Handelns oft nicht bewusst.

Intrinsische Motivation

Extrinsisch ist Motivation, wenn sie sich darauf richtet, von außen vorgegebene Ziele zu erreichen und dadurch Belohnungen zu erlangen oder Bestrafungen zu vermeiden.

Intrinsisch ist die Motivation, wenn sie sich darauf richtet, innere Überzeugungen und Werte zu realisieren. Intrinsische Motivation zeichnet sich damit durch das Fehlen von externaler Orientierung aus, das heißt, intrinsisch Motivierte kümmern sich wenig um festgesetzte Ziele und soziale Erwartungen (z. B. „Bezugsnormen"), haben auch eher wenig Angst vor Strafen und geben häufig nicht viel auf materielle Belohnungen. In Präferenzen ausgedrückt: hohe Werte bei „Internal", „Global" und „Polar", gleichzeitig niedrige Werte bei „Dinge" und „Zuneigung". Zusätzlich ist die Metaskala „Nutzung unter 60 Prozent". Kommt dies alles zusammen, liegt eine intrinsische Motivation vor.

Geschwindigkeit im Denken

Vorweg: Schnelles Denken ist nicht besser als langsames Denken. Mit einem Auto sehr schnell zu fahren ist ja auch nicht besser, als langsamer zu fahren, und schon gar nicht immer angemessen. Aber so wie sich beim Autofahren Schnellfahrer und Langsamfahrer gegenseitig nerven, so ist dies auch bei Schnelldenkern und bei Langsamdenkern der Fall. Reden Schnelldenker mit Langsamdenkern, so werden sie auch schnell ungeduldig. Langsamdenker empfinden die Schnelldenker als oberflächlich. Oft haben sie auch Schwierigkeiten, Schnelldenker zu verstehen. Sie sind ihnen einfach zu schnell.

Nachfolgend die Indikatoren für langsames und schnelles Denken:

	denkt langsam	denkt schnell
Sinneskanal	Fühlen	Sehen
Informationsgröße	Details	Global
Denkstil	Abstrakt	Konkret

Je unterschiedlicher die Präferenzen sind, desto größer ist für beide Seiten die Herausforderung in der Kommunikation und umso mehr ergänzen sich beide Seiten im Denken und Handeln.

Geschwindigkeit bei Entscheidungen

Analog zum Schnell- und Langsamdenken können sich Schnellentscheider schnell von Langsamentscheidern genervt fühlen. Umgekehrt natürlich ebenso. Schnelle Entscheidungen sind einfach nur schneller, aber nicht unbedingt besser. Es gibt in vielen Unternehmungen Bereiche, in denen schnelle Entscheidungen gefordert sind. Der Vorteil von langsamen Entscheidungen ist, dass sie im Allgemeinen mehr Hand und Fuß haben.

	entscheidet langsam	entscheidet schnell
Referenz	External	Internal
Planungsstil	Möglichkeiten	Prozeduren
Aktivitätsgrad	Re-aktiv	Pre-aktiv
Informationsgröße	Details	Global

Gewissenhaft bis zwanghaft

Menschen mit der Präferenz „Prozeduren" wollen das, was sie angefangen haben, auch zu Ende bringen. Dies wird durch die Arbeitsorientierung „Aufgabe" noch verstärkt. Sind sie dabei pre- oder re-aktiv, so überlegen sie sich genau, was sie machen. Durch die Präferenz „Informationsgröße: Detail" tun sie dies sehr genau. Dadurch ist jemand sehr gewissenhaft. Das sieht dann so aus:

> Planungsstil: Prozeduren
> + Aktivitätsgrad: Pre-/Re-aktiv
> + Arbeitsorientierung: Aufgabe
> + Informationsgröße: Detail
> ―――――――――――――――
> = **gewissenhaft**

Menschen mit den obigen Präferenzen, aber dem Aktivitätsgrad „Non-aktiv" denken nicht über das nach, was sie tun, und lassen sich durch äußere Einflüsse wenig beeindrucken. Durch die Richtung „Hin-zu" und die Erfolgsstrategie „Realisierung" wird der Drang zur Zielerreichung noch verstärkt. Durch die Präferenzen „Beobachter" und „Zukunft" entfernt sich jemand von sich selbst. Er ist dann dissoziiert von den eigenen Bedürfnissen und vom Hier und Jetzt. Dadurch entwickelt diese Person eine Tendenz zur Zwanghaftigkeit. Das sieht dann so aus:

> Perspektive: Beobachter
> + Richtung: Hin-zu
> + Referenz: External
> + Planungsstil: Prozeduren
> + Aktivitätsgrad: Non-aktiv
> + Erfolgsstrategie: Realisierung
> + Arbeitsorientierung: Aufgabe
> + Informationsgröße: Detail
> + Zeitorientierung: Zukunft
> ―――――――――――――――
> = **Tendenz zur Zwanghaftigkeit**

Teamcoaching/Personalentwicklung

Im Jahre 1997 stellte ich mich als Trainer beim Vorstand eines Unternehmens mit circa 8 000 Mitarbeitern vor. Der Vorstandsvorsitzende sagte zu mir: „Herr Maus, wir haben da ein Problem in einem Geschäftsbereich (Jahresumsatz: 26 Mio. Euro). Der Vertrieb und der Service führen so sehr Krieg miteinander, dass sich Kunden mittlerweile sogar bei mir direkt beschweren. Das nervt mich. Ich will das Thema vom Tisch haben. Ich gebe Ihnen zwei Tage. Schaffen Sie das oder schaffen Sie das nicht?" Ich holte tief Luft und meinte: „Ja" – denn ich hatte schon einen Fragebogen für Denkpräferenzen entwickelt. Dies sollte die „Feuerprobe" für ihn werden.

Vor dem zweitägigen Training bat ich alle Teilnehmer, den Fragebogen auszufüllen. Der Vertrieb tat dies mit Begeisterung: „Da lernen wir etwas Neues über uns selbst!" Der Service trat direkt mit dem Betriebsrat auf: „Wie bitte – ein psychologischer Test? Nicht mit uns!!!" Ich sprach circa eine Viertelstunde mit ihnen und informierte dabei über meine Absichten und habe es dann allen freigestellt, ob sie ihn ausfüllen wollen oder nicht. Alle füllten ihn aus.

Die Ergebnisse wurden für alle ersichtlich in anonymer Weise nebeneinander dargestellt. Dann begann ich, die verschiedenen Präferenzen zu erklären. Dort, wo es signifikante Unterschiede gab, erklärte ich detaillierter, wie sich das in der Praxis auswirkt – vor allem, wie durch die unterschiedlichen Präferenzen Missverständnisse produziert werden. Daraufhin fingen die Teilnehmer an zu lachen: „Hey, das kennen wir doch. Das ist ja wie bei uns!" Kein Wunder – es waren ja ihre eigenen Profile! Daraufhin verstanden sie, dass die aus der anderen Abteilung keine Idioten sind, sondern einfach nur anders denken und dabei am Ende sogar zum gleichen Ergebnis kommen können. Nach ein paar Übungen, bei denen die jeweils entgegengesetzte Denkpräferenz von Vorteil war, war das Eis endgültig gebrochen; denn nun wurde klar, dass die anderen sogar eine sinnvolle und wichtige Ergänzung zum eigenen Denken sind. Das Ergebnis: Der „Krieg" reduzierte sich sofort auf ganz normale alltägliche Reibereien.

Der Betriebsrat des Unternehmens äußerte sich anschließend in einem Referenzschreiben zu diesem Erfolg: „Die Zusammenarbeit erfolgt seitdem harmonischer, und man kann sich in Besprechungen wieder auf die wesentlichen Dinge konzentrieren. Auch im Nachhinein kann ich bestätigen, dass aus meiner Sicht als Betriebsrat keinerlei Bedenken gegen den Einsatz des Fragebogens für Denkpräferenzen bestehen, ich ihn sogar als sehr nützlich für alle Beteiligten – sowohl für den betriebsinternen Einsatz als auch für Bewerbungssituationen – empfehlen kann."

Aus den Profilen der Servicemitarbeiter ergab sich, dass deren prozedurale und sehr detaillierte Denkweise des Öfteren zu Problemen mit Kunden führte. Das sah so aus: Kunde rief im Service an. „Mein neues Gerät funktioniert nicht!" Der Servicemitarbeiter: „Um welches Gerät handelt es sich? Welchen Fehler genau zeigt es?" Nachdem der Servicemitarbeiter beide Informationen hatte, sagte er: „O. K., den Fehler kennen wir. Schicken Sie das Gerät bitte zu uns!" Als der Kunde es eine Woche später zurückbekam, war er zunächst froh, es so schnell zurückzuerhalten. Als er es einschaltete, zeigte sich jedoch immer noch das gleiche Symptom. Er rief daraufhin leicht ungehalten beim Service an. Der Servicemitarbeiter antwortete: „Das Gerät wurde hier mehrfach getestet, und alles ist in Ordnung." Da der Kunde den Fehler immer noch vor sich sah, sank dessen Laune noch weiter. Nach einigem Hin und Her stellte sich dann schließlich heraus, der Kunde hatte die Bedienungsanleitung nicht richtig gelesen. Es musste noch eine zusätzliche Einstellung vorgenommen werden. Dann funktionierte alles wie gewünscht.

War der Kunde nun froh und glücklich? Ganz und gar nicht. Seine Einstellung war: „Das hätte man mir auch schon vor einer Woche sagen können. Dann hätte ich mein schönes neues Gerät schon länger nutzen können." Und war der Servicemitarbeiter zufrieden? Ebenso wenig. „Dummer Kunde. Zu blöd, die Bedienungsanleitung zu lesen!"

Alles im allem also eine sehr unbefriedigende Sachlage. Daraufhin wurde ein weiterer Workshop angesetzt, in dem zum einen eine Prozedur entwickelt wurde, wie man sich bei Reklamationen zuerst einen Überblick verschafft, bevor man weiter ins Detail geht. Und zum anderen, wie man telefonisch optimal mit Kunden umgeht, die gerade ein Problem mit einem Produkt der Firma haben und deswegen nicht immer die höflichsten sind.

Danach hat es keinerlei Beschwerden von Kundenseite gegeben, und Service und Vertrieb haben gut miteinander kooperiert. Dies war für mindestens viereinhalb Jahre stabil. Was danach passierte, weiß ich nicht, da der Geschäftsbereich an ein anderes Unternehmen verkauft wurde und der Kontakt abriss.

Grundsätzlich kann es nützlich sein, nach ungefähr einem halben Jahr die Denkpräferenzen der Teilnehmer erneut zu messen. Dadurch kann man feststellen, inwieweit ein Training den erwünschten Erfolg gebracht hat. Sind die gewünschten Veränderungen nicht eingetreten, so kann man überlegen, woran es gelegen hat: Am Training? Am Trainer? Oder am Teilnehmer? In jedem Falle erhält man eine wichtige Rückmeldung, die man als Grundlage für weitere Entscheidungen nutzen kann.

7. Arbeitsmotivation messen

Auf den folgenden Seiten wird beschrieben, wie eine Person-Job-Passung gemessen werden kann, nämlich über motivierende und demotivierende Faktoren des Arbeitsplatzes. Die Faktoren sind eingeteilt in:

- **Autonomie versus Abhängigkeit**
- **Sicherheit versus Perspektivlosigkeit**
- **Herausforderung versus Sinnlosigkeit**

Bislang haben wir besprochen, wie Menschen in beruflichen Situationen vorzugsweise denken und handeln. Im Folgenden geht es darum, wie sehr Menschen in dieser beruflichen Situation Erfüllung finden und welche Faktoren des Arbeitsplatzes sie motivieren und welche demotivieren.

Die Arbeitspsychologie ging von Beginn an (Anfang des 20. Jahrhunderts) davon aus, dass es einen Zusammenhang zwischen Arbeitszufriedenheit und Arbeitsleistung gibt. Fragt man einfach einen Bürger auf der Straße, ob es diesen Zusammenhang gibt, so wird er dies normalerweise rein intuitiv bejahen.

Das Problem dabei ist nur, dass es allein in den vergangenen 30 Jahren über 4 000 Untersuchungen gab, die erfolglos versuchten, diesen Zusammenhang zu belegen. Eine der größten Untersuchungen fand Anfang der 2000er bei der Deutschen Bank statt. Man wollte wissen: Sind zufriedene Mitarbeiter produktiver? Das Ergebnis war wie bei allen vorangegangenen Untersuchungen eindeutig: Die Korrelationskurve bildete einen Kreis. Das bedeutet: Es gibt keinen Zusammenhang.

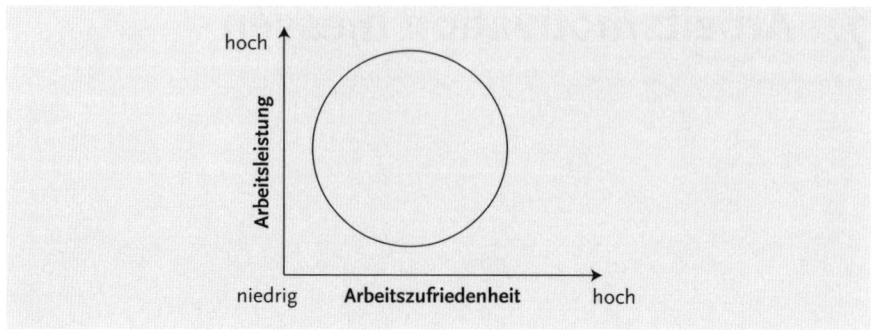

Trotz all dieser Untersuchungen blieb man in der Arbeitspsychologie davon überzeugt, dass es einen Zusammenhang zwischen Arbeitszufriedenheit und Arbeitsleistung geben muss. Man hatte diese Überzeugung sogar zum „Heiligen Gral" der Arbeitspsychologie erklärt. Aufgrund der weltweit eindeutigen Untersuchungsergebnisse sprach man vom „verlorenen Heiligen Gral der Arbeitspsychologie".

All diese Untersuchungen hatten eins gemeinsam: Sie gingen davon aus, dass man entweder total zufrieden oder total unzufrieden ist oder sich irgendwo auf einer linearen Skala dazwischen befindet.

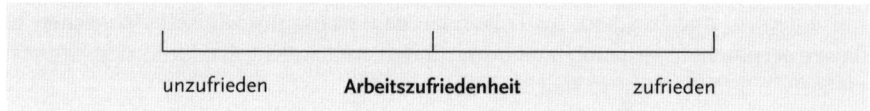

Wie schon zuvor beschrieben, sagte sich bereits Herzberg, man kann auf der einen Seite absolut zufrieden sein und auf der anderen Seite absolut unzufrieden. Mit anderen Worten: Zufriedenheit und Unzufriedenheit sind zwei verschiedene Messgrößen, die man nicht in einen Topf schmeißen sollte. Konkret bedeutet das: Man hat als Vorstandsvorsitzender einer Firma die absolute Macht. Man kann schalten und walten wie man will. Andererseits kann man gleichzeitig sehr abhängig sein, beispielsweise vom Aufsichtsrat oder den Anteilseignern.

Auf der Grundlage dieser Überlegungen entwickelte Dr. Scheffer einen Test, mit dem er beide Seiten unabhängig voneinander messen konnte. Er validierte ihn bei Unternehmen wie DaimlerChrysler, Bosch und dem Malteser Hilfsdienst. Dabei benutzte er Theorien von John Holland (Kernaussage: Job passt zur Person, und

Person passt zum Job), Frederick Herzberg (Hygienefaktoren) und dem Flow-Modell nach Mihalyi Csikszentmihalyi und Norbert Bischof. Hier nochmals zur Erinnerung das Kanal-Flow-Modell[24]:

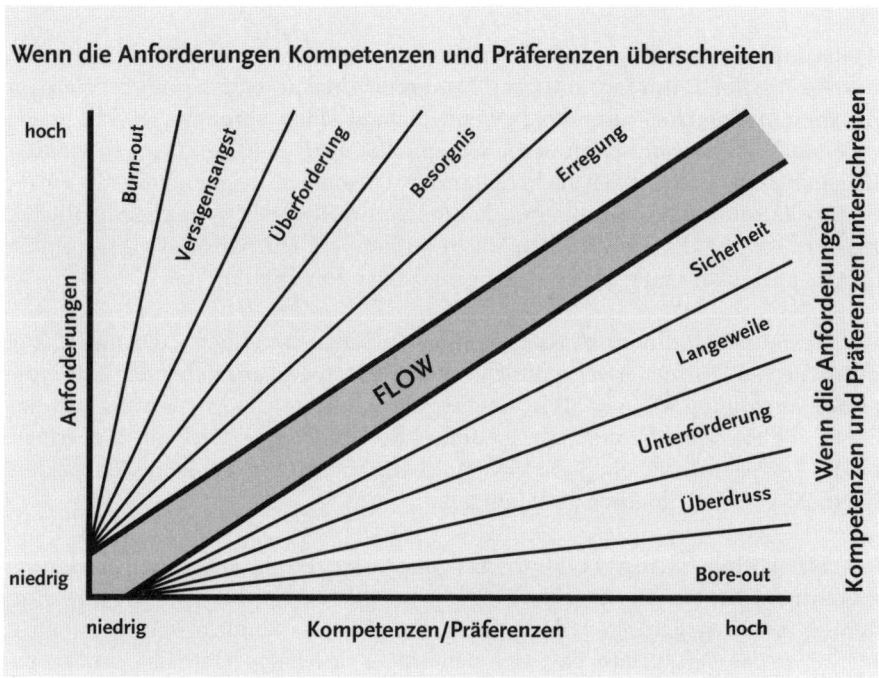

Wenn die Anforderungen Kompetenzen und Präferenzen überschreiten

Kanal-Flow-Modell, Arne Maus nach Mihalyi Csikszentmihalyi[24] und Norbert Bischof[25]

Einen „Flow" hat man zum Beispiel, wenn man morgens ins Büro kommt, einen ganzen Stapel Arbeit dort liegen hat und diesen dann Stück für Stück wegarbeitet. Wenn man dann, nachdem alles geschafft ist, auf die Uhr schaut und denkt: „Ach, es ist ja noch so früh. Bei dem, was ich alles geschafft habe, dachte ich, es wäre viel später." **Flow ist also ein Zustand, in dem bei der Arbeit das Zeitgefühl verloren zu gehen scheint und in dem auch schwierige, anstrengende und für andere frustrierende Tätigkeiten leicht und mit hoher Kompetenz ausgeführt werden.**

Im Zustand des Flows sind Menschen zu 100 Prozent motiviert und in der Lage, ihr Leistungspotenzial optimal auszuschöpfen. Die Hauptaufgabe von Führungskräften, Coachs und Trainern ist vor allem, die Bedingungen für Flow zu schaffen, indem sie die richtigen Personen für die richtige Position finden. Dies kann am einfachsten dadurch erreicht werden, indem man die zuvor beschriebenen Präferenzen feststellt und die Personen dann entsprechend einsetzt. Wichtig ist dabei auch, in der Praxis zu überprüfen, inwieweit diese Präferenzen am Arbeitsplatz auch ausgelebt werden können.

Weiterhin kamen die Theorien der Grundmotive nach David McClelland[26] und Norbert Bischof[27] zum Einsatz. Das Grundmotiv „Macht" oder „Einfluss" steht im Zusammenhang mit Autonomie. Wenn jemand völlig autonom ist, hat er die volle Macht. Alles steht dann unter seinem alleinigen Einfluss. Das systemische Gegenstück zu „Macht" ist nicht „Ohnmacht", sondern „Abhängigkeit". Im 18. und 19. Jahrhundert kontrollierten Frauen zum Teil über Ohnmachtsanfälle die gesamte Familie. Es war ihre Art, Macht auszuüben. Die Männerwelt gab ihnen damals auch kaum eine andere Chance, Einfluss zu nehmen.

Das Grundmotiv „Bindung" oder „Zuneigung" steht im engen Zusammenhang mit Sicherheit. Normalerweise fühlt sich ein Mensch dort am sichersten, wo er die größte Zuneigung verspürt. Dort ist die größte Bindung. Normalerweise ist dies die eigene Familie oder der enge Freundeskreis. Das Gegenstück zu „Sicherheit" ist die Perspektivlosigkeit. Sieht ein Mitarbeiter in seinem Job keine Perspektive mehr, fängt er an, innerlich zu kündigen.

Sehr offensichtlich hängt das Motiv „Leistung" oder „Erfolg" mit Herausforderung zusammen. Menschen, die durch Erfolg motiviert sind, lieben die Herausforderung. Das Gegenstück zu „Herausforderung" ist die Sinnlosigkeit. Hier haben Menschen das Gefühl, dass das, was auch immer sie leisten, letztendlich nichts bewirkt.

Man kann also von einer Zielrichtung eines Motivs, also dem, was man mit einem Motiv erreichen will, reden und von einer Fluchtrichtung, also dem, was unbedingt vermieden werden soll.

Motiv	Zielrichtung	Fluchtrichtung
Einfluss	**Autonomie**	**Abhängigkeit**
Zuneigung	**Sicherheit**	**Perspektivlosigkeit**
Erfolg	**Herausforderung**	**Sinnlosigkeit**

Jede der Zielrichtungen und zum Teil auch die Fluchtrichtungen kann man in verschiedene Aspekte unterteilen.

Erst durch diese Differenzierung von verschiedenen Facetten der Zufriedenheit und Unzufriedenheit wurden in verschiedenen Unternehmen Zusammenhänge zwischen Arbeitszufriedenheit und Arbeitsleistung wissenschaftlich fundiert nachweisbar (Scheffer, Kuhl, 2006)[28].

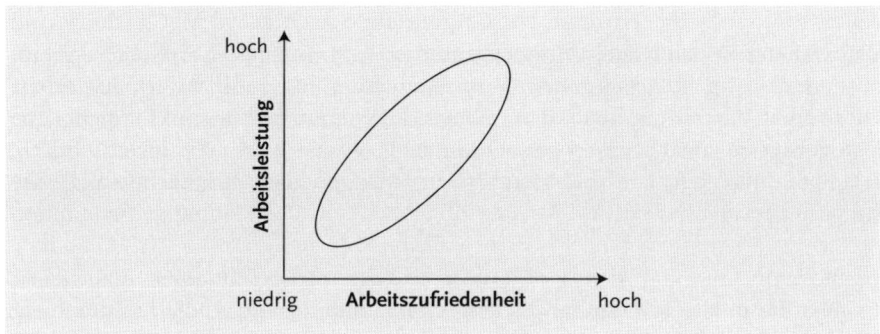

Dabei ergeben sich einige interessante Aspekte: Arbeitszufriedenheit ist nicht gleich Arbeitszufriedenheit. Einerseits kann man sie bei einigen Menschen ganz offen beobachten: Menschen, die bei der Arbeit fröhlich sind. Andererseits: Haben Sie schon mal einen Buchhalter gesehen, der einen Fehlbetrag von einem Cent in einer Bilanz entdeckt hat? Der sieht dann alles andere als glücklich oder fröhlich aus. Im Gegenteil, er ist sehr ernst, eventuell schimpft er sogar. Aber er ist hoch motiviert. Er wird nicht eher ruhen, bis er den Fehler entdeckt und ausgemerzt hat. Erst danach ist er zufrieden. Es gibt also auch eine zeitlich versetzte Arbeitszufriedenheit.

Was letztendlich Arbeitszufriedenheit ist, wird durch die eigene Persönlichkeit bestimmt, durch die eigenen Präferenzen im Denken und Handeln. Daher wird je nach den eigenen Präferenzen ein Arbeitsplatz unterschiedlich beurteilt. Arbeitszufriedenheit ist verknüpft mit der eigenen Motivation. Motivation ist der Beweggrund, warum wir etwas tun, und dies ist eng verbunden mit unseren Gefühlen.

Stellen Sie sich einfach drei Menschen vor, jeder von ihnen mit einem stark ausgeprägten Motiv. Der eine ist durch Macht und Einfluss motiviert, der zweite durch Bindung und Zuneigung und schließlich der dritte durch Leistung und Erfolg. Alle drei werden ein und denselben Arbeitsplatz unterschiedlich beurteilen, je nach ihren eigenen Präferenzen.

Wenn aber beide Seiten gemessen werden, sowohl die eigenen Präferenzen, als auch deren Erfüllung am Arbeitsplatz, werden die Zusammenhänge deutlich. So wird man bei Menschen, die hohe Werte beim Motiv „Einfluss" haben, in aller Regel niedrige Werte in der „Erfüllung" bei der „Autonomie" feststellen. Dies ist auch logisch. Denn wer wirklich auf Macht aus ist, wird das Bedürfnis selten in einer Firma voll ausleben können. Der Machthunger ist einfach zu groß, als dass er gestillt werden könnte.

Was wahrscheinlich lange verhindert hat, den Zusammenhang zwischen Arbeitszufriedenheit und Arbeitsleistung nachzuweisen, sind die Motivationsfallen. Diese entstehen, wenn die Passung zu gut ist. Nehmen wir einen Mitarbeiter, der sich den gestellten Aufgaben gewachsen fühlt. Ist die Passung jedoch zu gut, so erledigt er alle Aufgaben „mit links". Langeweile entsteht, da keine Herausforderung mehr da ist.

Irgendwann fühlt man sich unterfordert, und der Job beginnt einen anzuwidern. Es folgt die innere Kündigung. Es fehlen Herausforderungen, die Erregung und Neugierde auslösen. Sind diese Herausforderungen jedoch zu groß, so entsteht eine Überforderung, die wiederum Furcht und verstärktes Sicherheitsbestreben auslöst.

Es kommt also auf eine Balance zwischen Sicherheit und Erregung an. Das genau ist *die* Herausforderung für Führungskräfte: eine dynamische Anpassung von Anforderung der Arbeitsstelle an die Fähigkeiten der Mitarbeiter. Das ist eine sehr komplexe Aufgabe. Ihr sind nur wenige Menschen wirklich in Gänze gewachsen. Daher auch der Mangel an wirklich guten Führungskräften.

Die in diesem Buch vorgestellten Präferenzen im Denken und Handeln sollen auch helfen, diese Komplexität leichter handhabbar zu machen. Das wird insbesondere durch das Messen der Arbeitsmotivation in all ihren Facetten erreicht. Damit können die unterschiedlichen Facetten der Zufriedenheit und Unzufriedenheit am Arbeitsplatz objektiv und unabhängig gemessen werden. Alle Skalen wurden faktorenanalytisch entwickelt und weisen hohe interne Konsistenzen auf. Sie werden nun in den folgenden Kapiteln vorgestellt.

Alle Skalen werden von „unangenehm" bis „angenehm" dargestellt. Dies ist bewusst so. Denn „unangenehm" ist nicht immer schlecht und „angenehm" nicht immer gut. Letztendlich äußert der Beurteiler auch seine eigenen Gefühle zum beurteilten Arbeitsplatz. Da diese Gefühle der eigenen Motivation entspringen, kommt ungefähr die Hälfte aus dem Arbeitsplatz selbst und die andere Hälfte aus den eigenen Präferenzen. Analysiert man beide Seiten, kann man sehen, was woher kommt, und liest darin wie in einem offenen Buch.

7.1 Autonomie versus Abhängigkeit

Positiv definiert ist der Bereich der Arbeitsmotivation durch Skalen, welche messen, ob eine Person sich selbst in ihrer Arbeit verwirklichen kann. Jobs, die Personen positive Selbstwirksamkeitserlebnisse ermöglichen, stärken das Autonomiegefühl und -streben von Menschen – sie machen zufrieden. Negativ definiert weist der Bereich der Arbeitsmotivation auf Abhängigkeitsgefühle hin. Das Fehlen solcher Gefühle motiviert zwar nicht, macht aber auf eine gewisse Art zufrieden; allerdings ist dieses „Fehlen von Unzufriedenheit" nach Herzberg kein Motivator. Ein kritischer Wert bei Abhängigkeitsgefühlen macht unzufrieden und renitent.

Alle Skalen wurden faktorenanalytisch entwickelt und stellen die unterschiedlichen Facetten der Zufriedenheit und Unzufriedenheit am Arbeitsplatz objektiv und unabhängig dar. Dabei ist es wichtig zu verstehen, dass „angenehm" nicht gleich „gut" ist. Wie weiter oben zum Thema „Motivationsfallen" beschrieben, können Dinge bei einer zu perfekten Jobpassung manchmal auch „zu gut" sein. Das ist dann zwar erst einmal angenehm, kann aber eventuell negative Folgen haben. Andere Beispiele sind: Hat man viel Macht und kann sie ausüben, wie man will, so gibt das zunächst Sicherheit. Auf Dauer kann jedoch Langeweile und Schlimmeres entstehen. Kann man wenig Macht ausüben, so kann es anspornen, sich doch durchzusetzen. Je weniger Macht man empfindet, desto mehr können Versagensängste auftauchen – bis hin zum Burn-out.

Gibt es keine Autonomie, so ist dies unangenehm; gibt es sie, so ist es angenehm. Deshalb zeigen mathematisch negative Werte nach links und positive nach rechts. Für alle Skalen der Arbeitsmotivation gilt: Ungefähr bei „5" auf der angenehmen Seite ist der Bereich des „Flow".

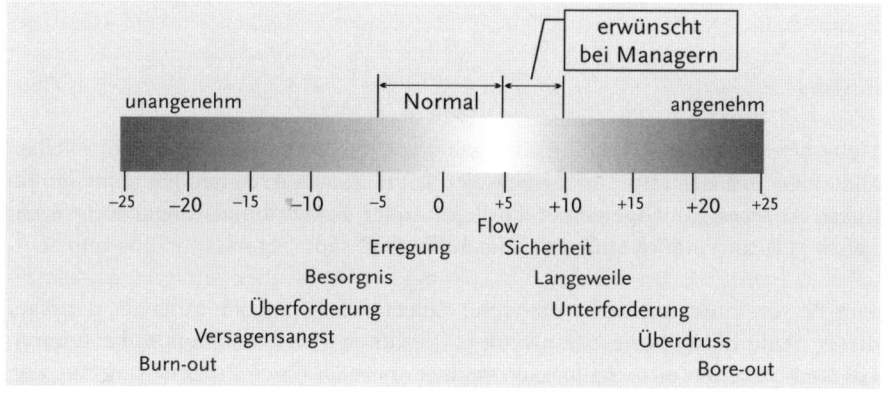

Im obigen Bild ist in der Mitte eine „0". Dies ist die Art und Weise, wie die Mehrheit der Menschen geantwortet hat. Im Bereich von +10 bis –10 liegen ungefähr 70 Prozent aller Antworten. Das heißt, dass in den Bereichen von –10 und tiefer und von +10 und höher nur noch jeweils 20 Prozent der Antworten liegen. Zwischen +20 und –20 liegen sogar 97 Prozent aller Antworten. Das lässt für die Bereiche rechts und links lediglich 1,5 Prozent übrig. In diesen Fällen spricht man dann von extremen Werten. Obiges Bild gilt für den Bereich „Autonomie". In den anderen Bereichen werden die Grafiken entsprechend angepasst. Die reinen Zahlenwerte behalten jedoch ihre Gültigkeit.

Für Autonomie gilt: Sind die Werte zu angenehm, tritt Bore-out auf, sind die Werte zu **un**angenehm, so kann es zum Burn-out kommen. Sowohl Burn-out als auch Bore-out werden von Menschen in allen Fällen als Stress empfunden.

Autonomie

Motivierend: Autonomie
Bestimmung: Gibt es genügend Einfluss auf die Arbeitsumwelt?
Einzelfacetten: Einfluss
               Sinnhaftigkeit der Arbeit
               Identifikation
               Soziales Beziehungsnetz
               Aufstiegschancen

Diese Skalen zeigen an, ob die Person genügend Einfluss auf ihre Arbeitsumwelt hat und der Arbeitsplatz hier motivierend ist. Die nachfolgenden Skalen zeigen den Grad der Erfüllung der einzelnen Komponenten an.

Einfluss

Hohe Werte auf der Skala „Einfluss" geben an, dass eine Person durch ihre Arbeit andere beeinflussen und Dinge bewegen kann. Solche Arbeitsrollen genießen oft hohes Ansehen, verfügen über Positions- oder Expertenmacht und weisen ein hohes Maß an Verantwortung und auch Kontrolle auf.

Eine Person muss aber nicht unbedingt eine Führungsposition innehaben, um auf dieser Skala hohe Werte aufzuweisen. Oft kommt auch Positionen der unteren Hierarchieebenen eine Schlüsselfunktion innerhalb eines Prozesses zu, die den

Personen einen hohen Einfluss und Macht beschert. Einfluss ist oft verbunden mit der Emotion Ärger, wenn sich Barrieren in den Weg stellen, die dann unverzüglich beseitigt werden müssen, da das angenehme Gefühl von Einfluss nicht verschwinden soll.

Sinnhaftigkeit der Arbeit

Hohe Werte auf der Skala „Sinnhaftigkeit der Arbeit" deuten darauf hin, dass die Arbeit Sinn stiftet und stolz macht und/oder zur Persönlichkeitsentwicklung der Person beiträgt. Solche Arbeitsrollen sind in der Regel wichtige und gesellschaftlich geachtete Arbeiten. Sie stärken das Selbstbewusstsein und geben dem Mitarbeiter Kraft, Rückschläge und Kritik wegzustecken. Sinnhaftigkeit der Arbeit ist vor allem verbunden mit der Emotion Neugier/Erkenntnis.

Identifikation

Hohe Werte auf der Skala „Identifikation" deuten darauf hin, dass eine Person sich ganz mit ihrer Rolle identifiziert und diese weiterhin ausführen möchte. Sie glaubt an das Umfeld und ihre Entwicklungsmöglichkeiten. Eine hohe Bindung an die Arbeitsrolle wird deutlich.

Soziales Beziehungsnetz

Hohe Werte auf der Skala „Soziales Beziehungsnetz" zeigen, dass eine Person Unterstützung in der Arbeit findet, andere auf eine positive Beziehung zu ihr setzen, sie respektieren und achten. Dies trägt natürlich dazu bei, bei der Arbeit Erfolg zu haben, Effektivität und Selbstwirksamkeit zu erleben. Das soziale Beziehungsnetz ist oft verbunden mit der Emotion Freude, weil letztlich alle Menschen eine Einbettung in eine Gemeinschaft positiv stimmt.

Aufstiegschancen

Hohe Werte auf der Skala „Aufstiegschancen" zeigen, dass der Arbeitsplatz gute Aufstiegsmöglichkeiten bietet. Es wird die Perspektive gesehen, eine Position zu erreichen, die es erlaubt, an einer entscheidenden und bestimmenden Position im Unternehmen zu arbeiten.

Überraschenderweise sind empfundene Aufstiegsmöglichkeiten eher ein Hindernis für Engagement, eventuell weil dieses auch aus einer gewissen Frustration erwachsen kann.

Autonomie in der Praxis

Wie schon zuvor beschrieben, führen unterschiedliche Motive zu ebenso unterschiedlichen Bewertungen. Jemand mit hohen Werten beim Motiv „Einfluss" wird in aller Regel niedrige Werte in den einzelnen Skalen der Autonomie haben. Dies liegt ganz einfach daran, dass niemand ihm seinen Wunsch nach Einfluss und Macht erfüllen kann oder auch nur möchte. Hat jemand dagegen niedrige Werte beim Motiv „Einfluss", ist das Bedürfnis nach Macht und Einfluss sehr leicht zu erfüllen. Man gibt ihm ein klein wenig Einfluss, und schon sagt er: „Ich habe hier alle Macht, die ich brauche!" Hier zeigt sich, dass die Kombination aus Präferenzen und deren Erfüllung am Arbeitsplatz sehr viel über einen Menschen aussagt.

Identifikation in der Praxis

Im Jahre 2003 besuchte ich eine größere Outplacement-Beratung. Dort erklärte man mir unmissverständlich, Verkäufer müssen extravertiert sein, ansonsten wären sie nicht erfolgreich. Mein Einwand, ich würde doch ein paar sehr erfolgreiche Verkäufer kennen, die introvertiert seien, wurde als reine Ausnahmeerscheinung abgekanzelt.

Interessanterweise belegte Dr. Scheffer im Rahmen einer Studie eindrucksvoll, dass die Vorstellung, Verkäufer müssten extravertiert sein, ein reiner Mythos und nicht haltbar ist. Man kann die Studie im Standardwerk über Organisationspsychologie von Prof. Weinert nachlesen (2004)[29].

Introvertierte Verkäufer sind erfolgreicher, wenn sie sich mit Produkt und Firma identifizieren. Extravertierte verkaufen besser, wenn sie sich *nicht* identifizieren. Identifizieren sie sich mit Produkt und Firma, so werden sie schnell arrogant. Grundsätzlich gilt, je komplexer ein Produkt ist, desto eher identifizieren sich Menschen damit.

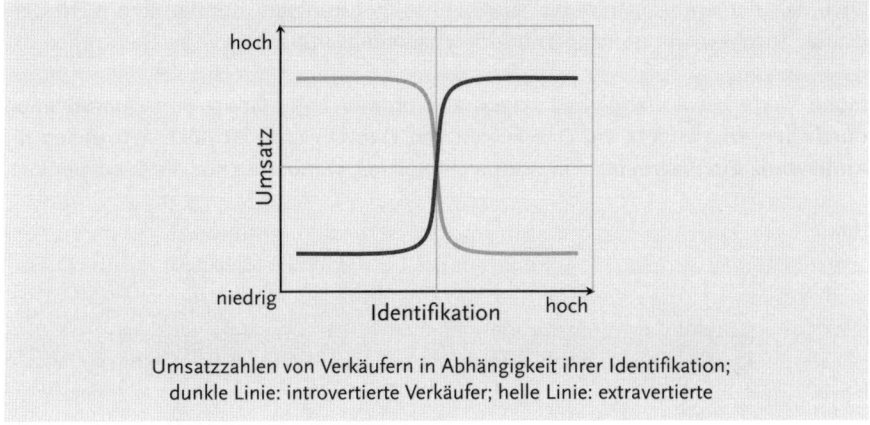

Umsatzzahlen von Verkäufern in Abhängigkeit ihrer Identifikation;
dunkle Linie: introvertierte Verkäufer; helle Linie: extravertierte

Geht man sonntagmorgens in Hamburg auf den Fischmarkt, so kann man dort hervorragende extravertierte Verkäufer erleben. Diese schreien in die Menge hinein und verkaufen massenweise Fische, Bananen, Blumen und Pflanzen direkt vom Lkw. Diese Verkäufer identifizieren sich meist in keiner Weise mit ihrer Ware. Und sie verdienen ein horrendes Geld.

Würde man die gleichen absoluten Topverkäufer zum Vorstand eines größeren Unternehmens schicken, um dort komplexe Maschinen zu verkaufen, würden sie wahrscheinlich schneller rausfliegen, als sie überhaupt reingekommen sind.

Es gibt kein Profil für den *optimalen* Verkäufer. Es gibt so etwas noch nicht einmal für eine einzelne Branche. Es gibt jedoch Verkäufer, die das behaupten und sich damit eine goldene Nase verdienen. Was man realistischerweise machen kann, wird im Kapitel „Von den Besten lernen" beschrieben.

Abhängigkeit

Demotivierend: Abhängigkeit
Bestimmung: Gibt es Versagensängste?
Einzelfacette: Negativer Stress

Bei dieser Skala gibt es keine Einzelfacetten. Diese Skala ist das selbstständige Gegenstück zur Autonomie. Das bedeutet, dass beide Dimensionen voneinander unabhängig sind, es also Personen gibt, die sowohl hohe Werte bei Autonomie als auch bei Abhängigkeit haben. Solche positiv-negativen Berufsrollen sind „getränkt" von Machtbeziehungen und wechselndem Einfluss.

Hohe Werte bei Abhängigkeit zeigen aber immer hohe Grade von Demotivation durch den Arbeitsplatz an. Das Fehlen von Demotivation ist noch kein Beleg für Motivation. Ein Wagen fährt ja auch nicht voll los, wenn man nur die Bremsen löst.

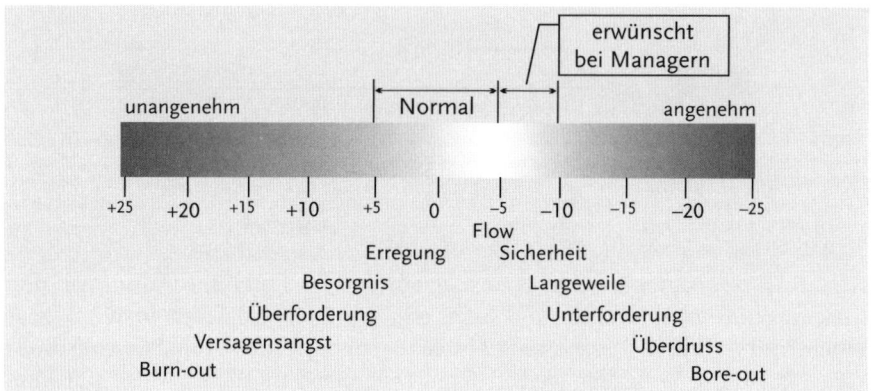

Gibt es keine Abhängigkeit, so ist dies angenehm; gibt es sie, so ist es unangenehm. Deshalb zeigen mathematisch **negative Werte nach rechts** und **positive nach links**. Hier gilt: Sind die Werte zu angenehm, tritt Bore-out auf, sind sie zu **un**angenehm, so kann es zum Burn-out kommen.

Negativer Stress

Hohe Werte auf der Skala „Negativer Stress" deuten darauf hin, dass einen die Arbeitsrolle überfordert. Hoffnungslosigkeit macht sich bemerkbar. Es deutet auch darauf hin, dass die Person momentan nicht über die persönlichen Ressourcen verfügt, die Arbeit zu bewältigen. Die Arbeit wird als unangenehm und erdrückend erlebt, Gefühle von Hilflosigkeit können auftauchen. Negativer Stress ist verbunden mit der Emotion Furcht. Dahinter steckt die Angst, den Anforderungen eines Arbeitsplatzes (zumindest in Teilbereichen) nicht gewachsen zu sein.

Negativer Stress ist der Faktor für Burn-out, der aus dem Kontext kommt. Siehe dazu das Kapitel „Burn-out".

7.2 Sicherheit versus Perspektivlosigkeit

Hier geht es vor allem um den Grad der Geborgenheit am Arbeitsplatz und inwieweit die sozialen Bindungen intakt sind.

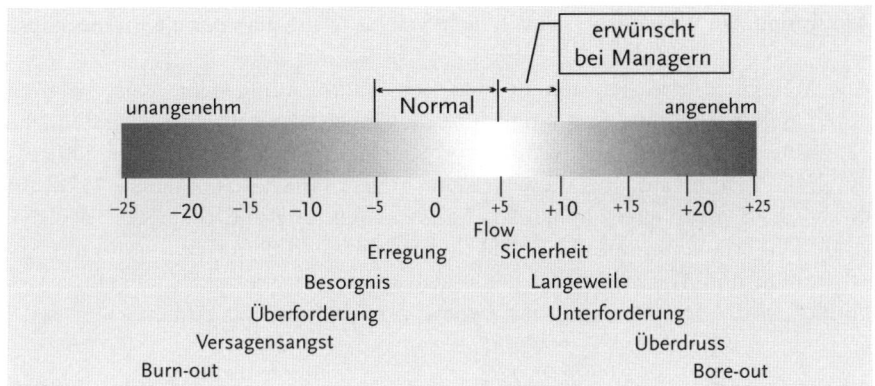

Gibt es keine Sicherheit, so ist dies unangenehm; gibt es sie, so ist es angenehm. Deshalb zeigen **mathematisch negative Werte nach links** und **positive nach rechts.** Hier gilt: Sind die Werte zu angenehm, kann Bore-out auftreten, sind die Werte zu **un**angenehm, so kann es zum Burn-out kommen.

Sicherheit

Motivierend: Sicherheit
Bestimmung: Wie viel Sicherheit bietet der Arbeitsplatz?
Einzelfacetten: Entwicklungsmöglichkeiten
                 Anerkennung
                 Gemeinschaft

Diese Skalen zeigen an, ob die Person genügend Sicherheit in Bezug auf ihren Arbeitsplatz hat und der Arbeitsplatz hierdurch motivierend ist. Die nachfolgenden Skalen zeigen den Grad der Erfüllung der einzelnen Komponenten an.

Entwicklungsmöglichkeiten

Hohe Werte auf der Skala „Entwicklungsmöglichkeiten" deuten darauf hin, dass das Umfeld die Person nach Kräften fördert, zum Beispiel durch ein gutes Mentoring. Die Person fühlt sich aufgehoben und geborgen. Diese Gefühle geben ihr Sicherheit und Vertrauen in die Zukunft. Entwicklungsmöglichkeiten sind verbunden mit der Emotion Sicherheit.

Anerkennung

Alle Menschen brauchen von Zeit zu Zeit Anerkennung oder Wertschätzung durch andere. Nicht in jeder Tätigkeit ist diese aber sehr wahrscheinlich. Manche Tätigkeiten sind zwar sehr wichtig und weisen einen hohen Grad an Einfluss durch die Position auf, aber diese wird von anderen nie bestätigt. Hohe Werte auf dieser Skala lassen einen hohen Grad an Anerkennung und positivem Feedback vermuten. Das heißt, mithilfe der Skala wird der Grad der offen geäußerten Anerkennung und Wertschätzung gemessen, die mit der jeweiligen Position verbunden sind. Anerkennung geht dabei mit der Emotion Stolz einher.

Gemeinschaft

Hohe Werte auf der Skala „Gemeinschaft" deuten darauf hin, dass die Person Gemeinschaft und Bindung als sicher und dauerhaft erlebt. Sie weiß, dass andere zu ihr halten und freundschaftliche Gefühle für sie empfinden. Sie fühlt sich sicher an das Umfeld gebunden und weiß, dass diese Beziehung krisenfest ist. Gemeinschaft ist verbunden mit der Emotion Geborgenheit.

Perspektivlosigkeit

Demotivierend: Perspektivlosigkeit
Bestimmung: Liegt eine innere Kündigung vor?
Einzelfacetten: Mangelnde Unterstützung
  Mangel an Kommunikation
  Soziale Kälte

Diese Skalen sind das unabhängige Gegenstück zur Sicherheit. Hohe Werte zeigen hohe Grade von Demotivation durch den Arbeitsplatz an, wobei das Fehlen von Demotivation jedoch noch kein Beleg für Motivation ist. Hohe Werte deuten darauf hin, dass die Person innerlich schon gekündigt hat. Es wird keine Perspektive mehr gesehen.

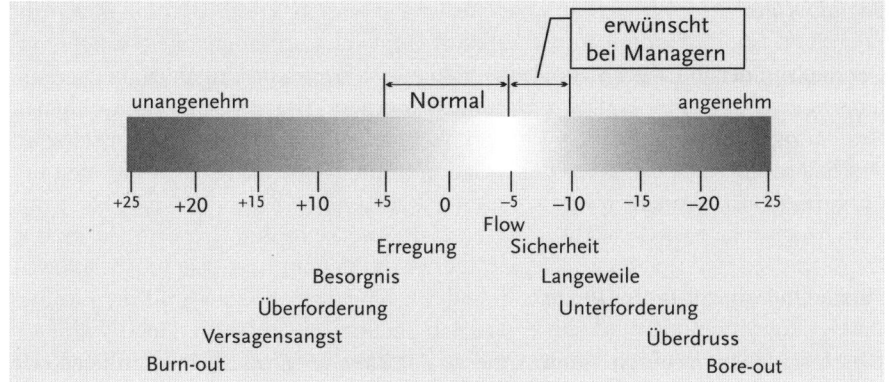

Gibt es keine Perspektivlosigkeit, so ist dies angenehm; gibt es welche, so ist es unangenehm. Deshalb zeigen mathematisch **negative Werte nach rechts** und **positive nach links.** Hier gilt: Sind die Werte zu angenehm, tritt Bore-out auf, sind die Werte zu **un**angenehm, so kann es zum Burn-out kommen.

Mangelnde Unterstützung

Häufig stehen hinter hohen Werten auf der Skala „Mangelnde Unterstützung" konkrete Bedrohungen wie Kündigung oder Insolvenz des Unternehmens. Aber auch ohne konkreten Anlass können die Beziehungen bei der Arbeit distanziert, kalt und verletzend sein und Unterstützung und Rückhalt verweigert werden. Hohe Werte weisen auf eine sehr instabile Bindung an die Arbeitsrolle hin – die Person möchte nicht gerne länger unter diesen Bedingungen arbeiten. Mangelnde Unterstützung ist verbunden mit der Emotion Hilflosigkeit.

Mangel an Kommunikation

Tätigkeiten, in denen die Kommunikation unbefriedigend oder zu selten ist, erzeugen bei vielen Menschen Stress und Unwohlsein. Die Skala „Mangel an Kommunikation" misst die Ausprägung dieses Stressfaktors. Hohe Werte zeigen Defizite in der Kommunikation auf, die auf eine mangelhafte Führung zurückgehen können, wie etwa fehlende Leistungsrückmeldungen oder fehlende Delegation von Aufgaben. Sie können auch oder zusätzlich in gestörten zwischenmenschlichen Beziehungen und negativen Gruppenprozessen begründet liegen. Mangelnde Kommunikation ist verbunden mit der Emotion Ungewissheit.

Soziale Kälte

Die Skala „Soziale Kälte" misst das Fehlen von Wärme und Zugehörigkeitsgefühlen, welche am Arbeitsplatz empfunden werden. Die zwischenmenschlichen Beziehungen in einer solchen Tätigkeit werden als unpersönlich und distanziert beschrieben, was zu Gefühlen der Isolation führt. Soziale Kälte ist verbunden mit der Emotion Einsamkeit.

Perspektivlosigkeit in der Praxis

Überraschenderweise scheint die mit sozialer Kälte verbundene Einsamkeit sowie ein Mangel an Kommunikation bei bestimmten Leistungsfacetten einen motivierenden Effekt auszuüben. Eine durch zu hohen Zusammenhalt und Gemeinschaft entstehende „Nestwärme" scheint das Engagement dagegen zu hemmen. Getragen werden muss Motivation offenbar durch positive Gefühle, die zu einer hohen Leistungsbereitschaft führen. Die wichtigsten sind Identifikation, Sinnhaftigkeit der Arbeit und Anerkennung. Stimmen diese Werte, dann dürfen einzelne Facetten der Perspektivlosigkeit offenbar auch negativ ausfallen und müssen dies phasenweise eventuell sogar. Die überragende Bedeutung der Arbeit selbst für die Motivation und Leistung, die sich hier in dem starken, durchweg leistungsfördernden Effekt der drei zuvor genannten Skalen ausdrückt, wurde bereits von Hackman und Oldham[30] ausführlich dokumentiert.

Im Jahre 2005 erkannten wir bei einer HR-Direktorin in der Schweiz hohe Werte in der Perspektivlosigkeit. Lediglich einen Mangel an Unterstützung verneinte sie. Als ich diese Werte sah, sagte ich, dass sie kurz davor sei, zumindest innerlich zu kündigen.

Im Feedbackgespräch teilten wir ihr unsere Erkenntnis bezüglich der bevorstehenden Kündigung mit. Darüber war sie erstaunt und wollte wissen, wie wir darauf kämen. Wir erklärten es ihr. Sie sagte daraufhin: „Um die Wahrheit zu sagen, ich habe vor drei Wochen meine Kündigung geschrieben, mich dann aber entschlossen, sie nicht abzuschicken."

Auffällig an diesem Profil waren weiterhin hohe Werte bei „Arbeitsorientierung: Teamspieler", „Referenz: External" und außergewöhnlich hohe Werte bei „Primäres Interesse: Orte". Sie war zu diesem Zeitpunkt der oberste Chef im ganzen Gebäude. Sie hatte niemanden auf der gleichen Hierarchiestufe, mit dem sie reden konnte. Die Zentrale der Firma lag circa 800 Meter entfernt hinter einem kleinen

Berg. Sie konnte die Zentrale also nicht sehen. Dort befanden sich all ihre Kollegen der gleichen Ebene sowie ihre Chefs. Beide hatte sie sehr vermisst, so sehr, dass sich das im „Primären Interesse" beim Ort ausdrückte und sie dabei war zu kündigen.

Mit ihrer Erlaubnis informierten wir ihre Vorgesetzte über den Sachstand. Diese sagte: „Ich wusste, da ist etwas im Argen. Aber dass es so schlimm ist, hätte ich nicht vermutet. Nun, ich habe einen Termin mit ihr morgen Vormittag und werde mit ihr darüber reden." Wir fragten, was sie ihr sagen würde. Sie antwortete: „Sie macht einen ausgezeichneten Job, und ich will sie auf alle Fälle behalten. Es gibt eine Veränderung im Unternehmen, die noch streng geheim ist und erst in drei Monaten publiziert werden soll. Da aber die Dinge nun mal sind, wie sie sind, werde ich sie schon morgen darüber informieren. Ich denke sie wird es mögen." Am nächsten Tag rief unsere Klientin an und sagte „Danke".

In Zeiten, in denen tatsächlich Personal abgebaut werden muss, ist es eine Notwendigkeit, sowohl für das Unternehmen als auch für die Mitarbeiter zu prüfen, wer schon innerlich gekündigt hat. In einer Phase des Personalabbaus ist die Motivation sowieso auf einem Tiefpunkt. Das Schlimmste, was Unternehmen und Mitarbeiter jedoch widerfahren kann, ist, dass sich das Unternehmen ausgerechnet von den Mitarbeitern trennt, die noch zumindest halbwegs motiviert sind, und die, die schon innerlich gekündigt haben, im Hause hält. Nur wenn man weiß, wer schon innerlich gekündigt hat, kann man optimal für Unternehmen und Mitarbeiter entscheiden, wer gehen oder wer bleiben sollte.

7.3 Herausforderung versus Sinnlosigkeit

Hier geht es vor allem um die Leistungsmotivation durch den Arbeitsplatz oder inwieweit die Arbeit selbst leistungsfördernd oder aber hemmend ist.

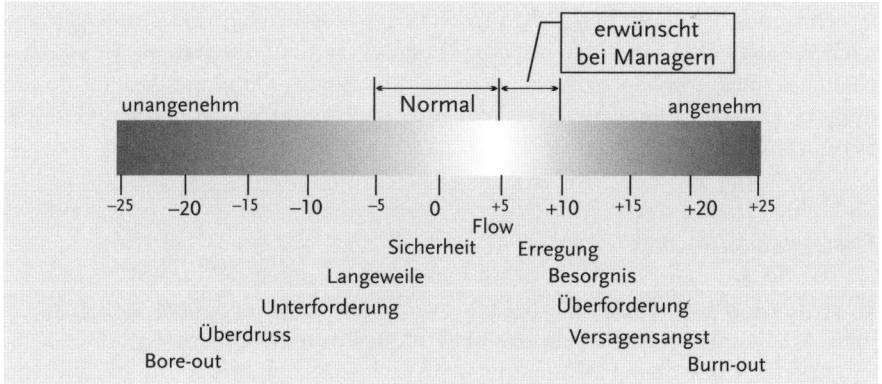

Gibt es keine Herausforderung, so ist dies unangenehm; gibt es sie, so ist es angenehm. Deshalb zeigen mathematisch **negative Werte nach links** und **positive nach rechts.** Hier gilt: Sind die Werte zu angenehm, so kann es zum Burn-out („Workaholics") kommen, sind die Werte zu **un**angenehm, tritt Bore-out auf.

Herausforderung

Motivierend: Herausforderung
Bestimmung: Wie viel Leistungsmotivation bietet der Arbeitsplatz?
Einzelfacetten: Positiver Stress
                Strategisches Geschick
                Soziales Geschick
                Serviceorientierung

Diese Skalen zeigen an, ob die Person genügend Leistungsmotivation an ihrem Arbeitsplatz hat. Die nachfolgenden Skalen zeigen den Grad der Erfüllung der einzelnen Komponenten an. Generell zeigen hohe Werte eine starke Herausforderung an, während niedrige Werte auf eine Unterforderung im jeweiligen Bereich hinweisen. Diese Menschen haben die Überzeugung, mehr leisten zu können, als der derzeitige Job es ihnen erlaubt.

Positiver Stress

Hohe Werte auf der Skala „Positiver Stress" zeigen an, dass sich die Person ständig in ihrer Berufsrolle verändern muss, um den hohen Anforderungen gerecht werden zu können. Personen mit starken Wachstumsbedürfnissen und hoher Unternehmungslust wünschen sich, in vielfältigen, fordernden und abwechslungsreichen Tätigkeiten zu arbeiten. Hohe Werte weisen auf ein starkes Anregungspotenzial eines Arbeitsplatzes hin. Positiver Stress ist verbunden mit der Emotion Ehrgeiz. Für hohes Engagement ist der mit positivem Stress verbundene Ehrgeiz mit Abstand am wichtigsten.

Strategisches Geschick

Hohe Werte auf der Skala „Strategisches Geschick" zeigen an, dass die Person in ihrer Arbeitsrolle geschickt kommunizieren und verhandeln, strategisches Denken beweisen sowie scharfsinnig und analytisch vorgehen muss, um ihre Ziele zu erreichen. Strategisches Geschick ist eine Facette von positivem Stress, weil es an Mitarbeiter hohe Anforderungen stellt, geistig wendig zu sein und sich blitzschnell auf wechselnde Konstellationen einzustellen.

Soziales Geschick

Hohe Werte auf der Skala „Soziales Geschick" weisen darauf hin, dass eine Person in ihrer Arbeitsrolle menschlich klug und mitfühlend sein sowie sich auch mal zurücknehmen kann, kurz: soziale Intelligenz zeigen muss. Auch dies ist eine hohe Anforderung, die daher eine Facette von positivem Stress ist.

Serviceorientierung

Hohe Werte auf der Skala „Serviceorientierung" weisen darauf hin, dass die Person in ihrer Arbeitsrolle eine hohe Kunden- und Bedarfsorientierung zeigen sowie die Bedürfnisse anderer feinfühlig erkennen muss. Sind die Herausforderungen für die Mitarbeiter zu hoch, so wird es als permanente und anstrengende „Gefühlsarbeit" empfunden. Andererseits können manche Mitarbeiter sehr viel mehr auf diesem Gebiet, als sie in manchen Firmen am Arbeitsplatz zeigen dürfen. Dies führt dann zu geringen Werten auf dieser Skala, da sich die Mitarbeiter diesbezüglich unterfordert fühlen.

Herausforderung in der Praxis

Gibt es im Bereich der Herausforderung niedrige Werte, so wird die Person also unterfordert. Bei einem Feedbackgespräch erklärte die Klientin: „Wieso habe ich niedrige Werte bei Serviceorientierung? Ich bin hier diejenige im Unternehmen, die am meisten auf Kunden- und Serviceorientierung hinarbeitet. Da kann doch was nicht stimmen!" Als ich ihr dann erklärte, dass der Wert nur anzeigt, dass das Unternehmen sie nicht all das tun lässt, was sie im Bereich Serviceorientierung leisten könnte, stimmte sie mir zu: „Jawohl, so ist es!" Dies gilt analog auch für die anderen Skalen.

Einzelne extrem hohe Skalen zeigen eine zeitweilige Überforderung im jeweiligen Bereich an. Sind jedoch **alle** Skalen sehr hoch, so kippt die Herausforderung in den Bereich „Überforderung". Das heißt, die Person wird durch die ihr übertragene Arbeit und Verantwortung überfordert – die Person-Job-Passung stimmt nicht mehr. Was tun?

Man kann jemanden schulen, damit er mit einem bestimmten Computer umgehen kann. Das wäre Personalentwicklung. Man könnte aber auch einen Computer so bauen, dass der vorgesehene Nutzer automatisch damit umgehen kann. Das wäre Arbeitsplatzentwicklung.

In obigem Fall wäre zu empfehlen, Arbeitsplatzentwicklung zu betreiben. Sicher werden jetzt einige sagen: „Arbeitsplatzentwicklung? Also den Arbeitsplatz an den anzupassen, der an ihm arbeitet? Aber das ist doch nur in einem begrenzten Rahmen möglich!" Dem kann man nur zustimmen. Genauso wie man Personalentwicklung nur in einem sehr begrenzten Umfang erfolgreich durchführen kann. Aber trotzdem lohnt es sich, die Spielräume auszunutzen, die vorhanden sind: den Arbeitsplatz menschengerechter zu gestalten und den Menschen ausreichend auf den Arbeitsplatz vorzubereiten. Die Frage ist nämlich: Will man die Ressourcen, die man hat, nutzen? Oder will man es nicht? Und kann man sich das leisten, es nicht zu tun? Was würden Sie von einem Firmenchef halten, der sagt: „Nun, wir haben bei uns Verkauf und Verwaltung. Heute wollen wir mal auf eins von beiden verzichten!"

Sinnlosigkeit

Demotivierend: Sinnlosigkeit
Bestimmung: Gibt es am Arbeitsplatz ein Klima der Desinformation und Unwissenheit, gegenseitiger Fehleinschätzung und Ignoranz?
Einzelfacette: Sinnlosigkeit

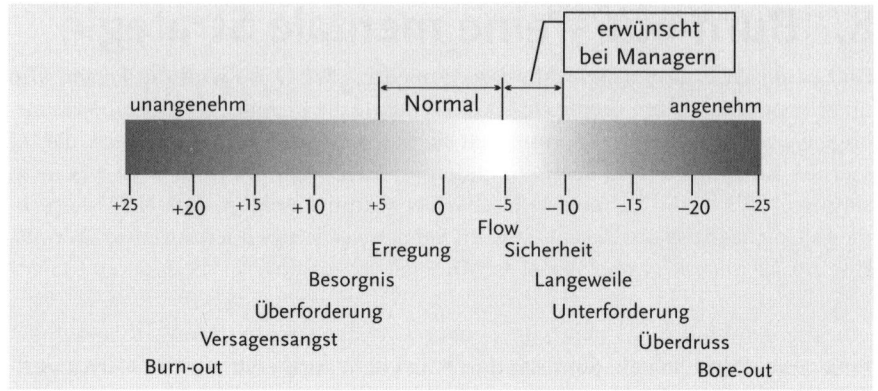

Gibt es keine Sinnlosigkeit, so ist dies angenehm; gibt es welche, so ist es unangenehm. Deshalb zeigen mathematisch **negative Werte nach rechts** und **positive nach links.** Hier gilt: Sind die Werte zu angenehm, tritt Bore-out auf; sind die Werte zu **un**angenehm, so kann es zum Burn-out kommen.

Bei der Skala „Sinnlosigkeit" gibt es keine Einzelfacetten. Sie ist das unabhängige Gegenstück zur Herausforderung.

Hohe Werte zeigen hohe Grade von Demotivation durch den Arbeitsplatz an. Das Fehlen von Demotivation ist jedoch noch kein Beleg für Motivation. Hohe Werte weisen darauf hin, dass die Person in einem Klima der Desinformation und Unwissenheit, gegenseitiger Fehleinschätzung und Ignoranz arbeiten muss, in dem die Aufgabenstellung häufig völlig unklar ist. Dies kann mit Langeweile, aber auch mit Ängsten einhergehen. Häufig haben solche Menschen eine externale Referenz.

Das liegt einfach daran, dass Menschen mit externaler Referenz eine Rückmeldung von außen brauchen, um zu wissen, wo sie stehen. Fehlt diese Rückmeldung, haben sie das Gefühl, nichts bewirken zu können.

Hat jemand eine interne Referenz, ist die Wahrscheinlichkeit hoch, dass es objektive Faktoren der Demotivation am Arbeitsplatz gibt; denn diese Menschen brauchen keine Rückmeldung. Sie wissen von sich aus, dass sie etwas bewirken können.

8. Burn-out – eine mentale Strategie

Ende 2003 führte ich ein Seminar durch, bei dem auch erstmals die Motivations-analyse vorgestellt wurde. Diese war gerade ein halbes Jahr verfügbar. Ich bat Dr. Scheffer, den Vortrag darüber zu halten. Ich wählte irgendein Profil zur Demonstration aus. Dr. Scheffer sah es sich an und sprach mit kaum hörbarer Stimme zu sich selbst: „Hm, könnte Burn-out sein." Das konnte ich als Einziger im Raum noch hören, da ich direkt neben ihm war.

Ich sprach ihn nach seinem Vortrag in der Pause darauf an. Er erklärte mir, dass man aufgrund der hohen Werte bei „Sicherheit" bei gleichzeitig hohem negativen Stress auf die Idee kommen könnte, dass hier eventuell eine Indikation des Burn-outs gegeben sei. Schließlich würde ja selten jemand gerne eine solch hervorragende Sicherheit aufgeben wollen. Wenn dieser jemand allerdings gleichzeitig einen derartig hohen negativen Stress erleidet, könne das in Burn-out münden.

Das fand ich sehr spannend. Zur Sicherheit rief ich den Consultant in der Schweiz an, von dem ich das Profil erhalten hatte. Als ich ihm die Nummer des Profils nannte und eine eventuelle Gefahr von Burn-out erwähnte, meinte der nur: „Aber Arne, das hast du mir schon vor fünf Monaten gesagt!" Ich hatte daran keinerlei Erinnerung. Er bat mich, auf der Übersicht die Präferenzen anzusehen, und zeigte mir dann anhand verschiedener Präferenzen, wie ich es ihm vor fünf Monaten erklärt hätte. Ich daraufhin: „Du, daran erinnere ich mich nicht. Aber so, wie du es jetzt aufzeigst, könnte ich es damals gesagt haben. Macht für mich absolut Sinn." Dann fragte er mich, ob er mir den Rest der Geschichte erzählen soll. Als ich darum bat, erklärte er mir, dass die Dame sich seit sechs Wochen wegen Burn-out (!) im Krankenhaus befand. Sie war zwischenzeitlich entlassen worden, da es keinerlei somatischen Befund mehr gab, hatte ein paar Tage später einen für die Ärzte völlig unerklärlichen Rückfall erlitten und wurde wieder stationär behandelt. Welch ein Beweis!

Seither habe ich über 20 Profile gesammelt, und in allen Fällen wurde entweder durch den Betroffenen oder durch einen Arzt bestätigt, dass es sich um Burn-out handelt. Dabei konnte ich eine mentale Strategie für Burn-out identifizieren. Dies mag zunächst verblüffend sein: eine mentale Strategie **für** Burn-out. Nun ist es so, dass Menschen in beruflichen Situationen absolut vergleichbaren Stress erleben. Die einen erleiden Burn-out, die anderen nicht. Da die äußeren Umstände gleich sind, muss es etwas mit den inneren Einstellungen und Präferenzen im Denken und Handeln zu tun haben. Also muss der Mensch etwas dazu beitragen, damit er es schafft, an Burn-out zu erkranken. Die Frage ist: Was genau ist das? Die Antwort:

1. Er ist sehr empathisch mit anderen,
2. er braucht Feedback von anderen,
3. er will keine Veränderung, und
4. er sorgt sich mehr um andere als um sich selbst.

In den zuvor beschriebenen Denkpräferenzen bedeutet das, er hat Präferenzen für „Perspektive: Gegenüber", „Referenz: External", „Vergleichsmodus: Ähnlichkeit" und „Primäre Aufmerksamkeit: Fürsorge". Wenn alle vier Präferenzen zusammenkommen, dann ist dies eine mentale Strategie für Burn-out. Das allein reicht aber noch nicht, um an Burn-out zu erkranken. Dazu braucht es noch den Kontext, der die Erkrankung auslöst. Das heißt, es bedarf noch viel negativen Stresses. Man muss sich also mehr Arbeit aufladen oder aufdrücken lassen, als man schaffen kann, und dann noch Angst davor haben, dass man es nicht schafft.

Jetzt haben wir eine Superstrategie für Burn-out. Aber wer will da schon hin? Und überhaupt, wäre es nicht besser, eine Strategie **gegen** Burn-out zu haben? Oder eine Strategie zu entwickeln, wie man Menschen helfen kann, um Burn-out herumzukommen oder zumindest schnell wieder raus?

Genau genommen haben wir das auch: Wichtig ist zu wissen, dass nur, wenn alle obigen Bedingungen erfüllt sind, es zum Burn-out kommen kann. Anders ausgedrückt, lernt der Betroffene, eine der fünf Bedingungen zu seinen Gunsten abzuändern, kann er den Burn-out abwenden oder aus ihm herauskommen. Für einen Coach oder einen Therapeuten würde dies vereinfacht bedeuten, fünf „Interventionen" durchzuführen, in denen der Klient lernt:

1. mit sich selbst verbunden zu sein und die eigenen Bedürfnisse zu erkennen,
2. sich selbst Feedback zu geben und damit von anderen unabhängig zu werden,
3. Spaß an Veränderung zu haben,
4. sich zuerst um sich zu kümmern, bevor er sich um andere kümmert,
5. sich selbst nicht mit zu viel Arbeit überfrachten zu lassen.

Ist man nur mit einer der fünf Interventionen dauerhaft erfolgreich, hat man es schon geschafft. Dann fehlt die Grundvoraussetzung für Burn-out.

Im Jahre 2005 habe ich zum ersten Mal die Denkstrukturen einer Person ermittelt, bei der ich zunächst unsicher war, ob Burn-out vorliegt oder nicht. Was mich verunsicherte war, dass sich diese Person ebenso stark um sich selbst kümmerte wie um andere. Als ich mir ihre Werte bei „Negativem Stress" (sie hatte keinen) ansah, wusste ich, dass es zumindest zurzeit keine akute Gefahr von Burn-out gab.

Sicherheitshalber sprach ich den Klienten beim ersten Termin darauf an. Er war sehr verwundert, dass ich das Thema „Burn-out" so direkt zur Sprache brachte. Er erzählte mir dann, dass er zwei Jahre zuvor Burn-out hatte und gelernt hatte, damit zu leben. Er hatte gelernt, sich nicht mehr an Arbeit aufzuladen, als er vertragen konnte. Dies zeigte sich schließlich darin, dass er sich nun um sich selbst ebenso stark kümmerte wie um andere. Dieses Muster habe ich noch bei sechs weiteren Menschen identifizieren können. Alle hatten zuvor Burn-out und haben ihn überwunden.

8.1 Was ist am Thema „Burn-out" so wichtig?

War das Interesse am Thema in den vergangenen Jahren äußerst gering, so hat sich dies nun spürbar geändert. Grund für das gestiegene Interesse ist sicherlich die Art und Weise, wie Unternehmen nach wie vor versuchen, ihre Kosten zu senken. Dabei wird immer mehr Arbeit auf immer weniger Schultern verteilt. Wenn jetzt nicht gezielt eingegriffen wird, ist dies eine einzige gewaltige Verlagerung von Kosten in die Zukunft. Diese Zeche haben dann nachfolgende Generationen zu zahlen. Leider haben die meisten Manager vergessen, dass Mitarbeiter nicht Kostenfaktoren sind, sondern Geld für das Unternehmen erwirtschaften.

Nur um in etwa ein Gefühl für die Kosten zu bekommen: Trotz stetig sinkender Krankheitstage ist die Zahl der psychischen Erkrankungen in Deutschland seit den 1990er-Jahren um 28 Prozent gestiegen. Mit einem Anteil von 11,1 Prozent ist bereits jede dritte Krankschreibung psychisch bedingt. Laut Aussage der Barmer Ersatzkasse im Jahre 2004 verursachen psychische Erkrankungen mit durchschnittlich 26,3 Tagen Ausfall pro Erkrankung die längsten Fehlzeiten.

In Dänemark wurden im Jahre 2005 pro Fall nach der Genesung vom Burn-out noch zusätzlich zehntausend Euro für die Reintegration ins Arbeitsleben ausgegeben. Grenzt man den Kreis der psychisch Erkrankten weiter ein und blickt man auf die Zahlen von Burn-out, werden die Ausfallzeiten noch größer: durchschnittlich 30,4 Kalendertage im Jahr laut Weltgesundheitsorganisation (WHO). Der volkswirtschaftliche Schaden durch Stress und Überforderung am Arbeitsplatz in Europa und Nordamerika ist enorm hoch.

Stressbedingte Beschwerden kosten laut einer Untersuchung in der Schweiz 1,2 Prozent (Petermann/Studer, 2003)[31] des Bruttoinlandsprodukts. Burn-out und seine Folgen werden für ein großes Stück dieses Kuchens verantwortlich sein. Besonders hohe Kosten entstehen, wenn Burn-out lange nicht erkannt wird und sich in der Folge psychische Erkrankungen wie eine Depression entwickeln. Den Löwenanteil der Kosten, nämlich 95 Prozent, machen gemäß einer aktuellen englischen Studie Fehlzeiten und Produktivitätseinbußen aus.

	BIP	Burn-out-Kosten pro Jahr	Einsparpotenzial pro Jahr bei 20 %
Dänemark	220,00	2,64	0,53
Deutschland	2 322,20	27,87	5,57
Frankreich	1 892,20	22,71	4,54
Japan	3 755,68	45,07	9,01
Schweden	319,00	3,83	0,77
Schweiz	310,00	3,72	0,74
UK	1 942,00	23,30	4,66
USA	11 074,40	132,89	26,58

Alle Angaben in Milliarden Euro

In Kanada haben sich deshalb bereits Arbeitgeber zu einem „Global Business and Economic Roundtable" zur psychischen Gesundheit zusammengefunden. Sie wollen mittels Früherkennung und besserer Unterstützung der Betroffenen am Arbeitsplatz die Krankschreibungen drastisch senken.

Burn-out ist also nicht nur ein Problem aus medizinischer Sicht, sondern auch ein nicht zu unterschätzender Wirtschaftsfaktor.

In der vorherigen Tabelle wurden die Kosten mit 1,2 Prozent des Bruttoinlandsprodukts (BIP) pro Jahr und Land hochgerechnet (Stand 2006, Angaben in Milliarden Euro).

Nachfolgend ein kleines (großzügig vereinfachtes) Rechnungsbeispiel, das die Kostendimension eines Burn-out-Falles illustrieren mag:

Kostenart	CHF
Lohnfortzahlung Arbeitgeber, 30 Tage, 100 %	8 000
Lohnfortzahlung Krankentagegeldversicherung, 11 Monate, 80 %	70 400
Invalidenrente IV, 9 Jahre, 50 %, inkl. Ehegattenrente; Basis: CHF 1 300/Monat	140 400
Invalidenrente Pensionskasse, 9 Jahre, 50 %, Basis: CHF 1 200/Monat	129 600
Heilungskosten Krankenkasse (stationärer Rehabilitationsaufenthalt, 6 Wochen, CHF 9 000, Allgemeinmediziner, Psychotherapie, Medikamente)	35 000
Total (direkte Kosten des Arbeitgebers und der Sozialversicherungen)	**391 400**

Berechnungsgrundlage: Betroffen soll ein 55-jähriger Arbeitnehmer sein. Dieser erzielt ein Einkommen von CHF 96 000. Von einem Tag auf den anderen wird er zu 100 Prozent arbeitsunfähig. Dies dauert ein Jahr, danach wird wieder eine Arbeits- und Erwerbsfähigkeit von 50 Prozent, also von CHF 48 000, erreicht. Er findet sofort eine Arbeitsstelle, wo er die Resterwerbsfähigkeit ausschöpfen kann (Petermann/Studer)[32].

Die Kosten können je nach Gesetzeslage von Land zu Land auch deutlich höher ausfallen. Beispielsweise trägt in Deutschland der Arbeitgeber noch die Hälfte der Sozialversicherungskosten zusätzlich zum Bruttogehalt.

Mittlerweile ist schon so viel Personal abgebaut worden, dass dringend intelligente Methoden zur Kostensenkung erforderlich sind. Ein guter Vorschlag ist, die Mitarbeiter entsprechend ihren Präferenzen einzusetzen. Heute haben wir tatsächlich die Möglichkeit dazu, eine optimale Person-Job-Passung zu erreichen. Das ist nicht nur gut fürs Unternehmen; das ist ebenso gut für die Mitarbeiter. Es ist eine echte Win-win-Situation. Und es gibt dadurch nachweislich weniger Fehlzeiten insgesamt.

In den Niederlanden wurde eine interessante Studie durchgeführt: Nachdem man festgestellt hatte, dass in einer Firma circa 30 Prozent aller Mitarbeiter mit einer Tätigkeit betraut waren, die ihnen nicht entsprach, stellte die Firmenleitung den Mitarbeitern frei, die Jobs untereinander zu tauschen. Von der Firma wurde mindestens gleiche Bezahlung garantiert.

Immerhin die Hälfte aller Betroffenen, also 15 Prozent der gesamten Belegschaft, nahm dieses Angebot an. Das ist schon viel. Stellen Sie sich doch einmal vor, es sagt jemand zu Ihnen: „Hallo, ich habe den falschen Job. Sie haben genau die Stelle, die zu mir passt. Wollen wir tauschen?" Die Firma richtete damals eine hausinterne Serviceagentur ein, in der jeder eine Nachricht nach dem Motto: „Habe Job X und suche Job Y" hinterlassen konnte. Und was hat der ganze Aufwand gebracht? Die Fehlzeiten wurden im Folgejahr um 7 Prozent gesenkt. Hochgerechnet würde das bei einer 100-prozentigen Person-Job-Passung eine Fehlzeitenreduktion von 14 Prozent ausmachen.

Damals konnte man aber noch keine mentale Strategie für Burn-out identifizieren. Ich bin sicher, dass sich die Kosten um circa 20 Prozent pro Jahr senken lassen. Das wären allein in Deutschland Einsparungen von über 5 Milliarden Euro, in Japan 9 Milliarden und in den USA gar 26 Milliarden. Dabei ist noch nicht einmal die gesteigerte Produktivität der Mitarbeiter durch die Person-Job-Passung eingerechnet.

9. Potenziell aktive Mobber erkennen

Mobbing führt zu erheblichen Kosten für Arbeitgeber und Arbeitnehmer. Bei Mobbing-Opfern kann das durchaus Burn-out verursachen. Es gibt mittlerweile viele Studien, in denen Anzeichen von Mobbing untersucht und aufgedeckt wurden. Dieses Kapitel geht einen Schritt weiter. Es zeigt Denkpräferenzen auf, die Voraussetzung für aktives Mobbing sind.

Wenn Menschen sich in vergleichbaren Situationen befinden, die Mobbing fördern, so fangen manche an zu mobben, andere nicht. Also müssen die Mobber bestimmte Merkmale in ihrem Denken und Handeln haben, die sie von denen unterscheidet, die nicht mobben.

Voraussetzung ist oft, dass es jemanden gibt, der mit seiner derzeitigen Arbeitssituation unzufrieden ist und trotzdem diese Arbeitsstelle auf jeden Fall behalten beziehungsweise eine bestimmte andere Position erreichen will. Es liegt nahe, dass der Mobbingtäter die innere Unzufriedenheit mit dem Arbeitsplatz auf eine andere Person projiziert. Die wird dann das Mobbingopfer.

Mobber haben eine bestimmende Dominanz. Ihre Grundeinstellung: „Ich bin gut, und ich will, dass alle anderen das auch wissen." Sie sind im Allgemeinen Schnelldenker. Das bewirkt eine gewisse Ungeduld gegenüber denen, die langsamer denken als sie. Wahrscheinlich entscheiden sie auch schnell. Sie haben ein geringes Interesse an Menschen, können auch nur ihre eigene Perspektive wahrnehmen, vielleicht noch die eines Beobachters. Auf jeden Fall sind sie kaum willens, sich in andere hineinzuversetzen. Es interessiert sie nicht. Sie arbeiten nicht beziehungsorientiert, sondern rein aufgabenorientiert. Sie betreiben Selbstsorge und keine Fürsorge. Sie sind auch nicht in der Lage, andere zu reflektieren, sondern nur sich selbst. Hinzu kommt ein hohes Maß an Skepsis allen anderen gegenüber.

Die nachfolgende Tabelle verschafft einen Überblick. Je ausgeprägter die einzelnen Skalen sind, umso größer ist die Gefahr von potenziellem Mobbing:

Tabelle: *Denkpräferenzen eines aktiven Mobbers*		Extrem niedrig	Sehr niedrig	Niedrig	Hoch	Sehr hoch	Extrem hoch
Sinneskanal	Sehen					X	
	Hören			X			
	Fühlen					X	
Primäres Interesse	Menschen			X			
Perspektive	Eigen					X	
	Gegenüber			X			
Motiv	Einfluss					X	
	Zuneigung			X			
Referenz	Internal						X
	External	X					
Arbeitsorientierung	Beziehung			X			
	Aufgabe					X	
Aktivitätsgrad	Pre-aktiv				X		
	Re-aktiv			X			
Reaktion	Gleich			X			
	Polar				X		
Informationsgröße	Global				X		
	Details			X			
Arbeitsstil	Teamspieler		X				
	Individualist					X	
Primäre Aufmerksamkeit	Selbstsorge					X	
	Fürsorge			X			
Überzeugungsmodus	Skepsis				X		
Managementstil	Selbstreflexiv				X		

10. Aus der Praxis: Coaching

Arbeiten Sie als Coach? Dann stellen Sie sich doch einfach einmal vor, Ihr Klient kommt zu Ihnen und bringt ein paar Blätter Papier mit zur ersten Sitzung, und Sie wissen mit einem Blick, was Sache ist. Ihr Coachee schildert Ihnen noch zusätzlich seine Probleme, und Sie wissen sofort, wie er es schafft, diese Probleme zu kreieren. Sie kennen weiterhin alle Ansatzpunkte, um Ihrem Klienten schnell und nachhaltig zu helfen, wie er seinen Weg findet und ihn beschreiten kann.

Ist jemand zum Beispiel ein ausgeprägter Teamspieler, so könnte sich der Fokus der Coachingarbeit auf sein Rollenverständnis als Manager, seine mangelnde Konfliktfähigkeit oder seine zu verbessernde Führungsstärke richten. Ist jemand stark in der Vision und in der Qualitätskontrolle, hat aber wenig Präferenz für die Umsetzung, wäre das Thema eine Selbstsabotagestrategie. Dies sind nur einige wenige Beispiele, um das Prinzip zu verdeutlichen. Die Liste der möglichen Kombinationen in den Präferenzen und der daraus folgenden Coachingthemen ließe sich fast endlos fortsetzen.

In meiner mittlerweile knapp 20-jährigen Praxis im Coaching habe ich die Erfahrung gemacht, dass mir diese zuvor erwähnten paar Blätter, das heißt das Profil der zu coachenden Person mit Denkpräferenzen und Arbeitsplatzanalyse, circa drei bis fünf Sitzungen ersparen. Das bedeutet nicht, dass ich insgesamt weniger Sitzungen mit einem Klienten habe. Vielmehr bedeutet es, dass ich viel effektiver, tiefer gehend und nachhaltiger mit dem Klienten arbeiten kann.

Nachfolgend ein konkretes Beispiel: Ich bekam ein Profil von der Leiterin einer Verkaufsniederlassung in München. In diesem Profil waren mehrere Dinge markant:

1. Sie war eine gute Kommunikatorin, abzulesen an einer hohen Flexibilität im Sinneskanal, der Perspektive und des Überzeugungskanals.
2. Sie machte auf Menschen als Erstes einen netten Eindruck, da sie offensichtlich auch sehr beziehungs- und teamorientiert war.

3. Sie war sehr lernwillig (hohe Werte in „Wissen").

4. Sie wusste, was sie wollte (internale Referenz), konnte aber auch noch Feedback von außen annehmen (externale Referenz war zwar niedriger, aber sie war immer noch flexibel).

5. Sie hatte hohe Werte bei „Möglichkeiten" und war gleichzeitig „aktiv". Das deutet auf eine hohe Spontaneität hin. Dazu kamen hohe Werte bei „Unterschiede", was die Spontaneität sehr abwechslungsreich macht. Und in der Reaktion war sie gleichermaßen „gleich" wie „polar". Dadurch war sie für andere völlig unberechenbar.

6. Sie war sehr einfluss- und leistungsorientiert und hatte überhaupt keine Angst vor Zurückweisung (extrem niedrige Werte bei Zuneigung).

7. Sie hatte ein niedriges Interesse an Menschen, ihre „primäre Aufmerksamkeit" war auf sich selbst gerichtet, und sie war „selbstreflexiv".

8. Sie hatte offensichtlich eine „Metazeit-Orientierung": „Gegenwart" und „Zukunft" waren gleich stark ausgeprägt, die „Vergangenheit" war dagegen auffallend niedrig. Aufgrund der auffallend niedrigen Präferenz für Vergangenheit vermutete ich, dass die Klientin eine Art traumatisches Erlebnis in der Vergangenheit hatte und dies unbewusst ausblendete. Auf eine solche Möglichkeit hin angesprochen, wechselte sie sofort das Thema, ohne die Frage nach einer traumatischen Erfahrung zu beantworten. Dies war für mich die Bestätigung meiner Vermutung.

Aus diesem Profil war für mich klar zu erkennen, dass sie ihre Fähigkeiten in der Kommunikation lediglich zum eigenen Nutzen einsetzte und andere Menschen nur ausnutzen wollte. Dies wird insbesondere aus den Punkten 6 und 7 klar. Dies bestätigte sich kurz nach der Erstellung des Profils auch in der Praxis. Kurz vor dem Feedbackgespräch kam in der Niederlassung ein Mitarbeiter auf sie zu und fragte: „Wie ist das denn nun mit der Position, die du mir vor einem halben Jahr zugesichert hast?" Sie antwortete: „Da arbeite ich gerade dran. Das dauert noch ein paar Tage. Hab' bitte noch ein wenig Geduld!" Dann ließ sie ihren Mitarbeiter gehen, schloss hinter ihm die Tür und sagte zu uns: „Sie wissen es vielleicht noch nicht, aber ich werde diesen Arbeitsplatz hier in den nächsten Tagen verlassen. Ich finde, ich sollte die Entscheidung, ob er die Position bekommt oder nicht, meinem Nachfolger überlassen."

Dieser Mitarbeiter war ein junger Familienvater und wohnte eigentlich in einer Stadt 150 Kilometer von München entfernt. Als sie ein halbes Jahr zuvor die Verkaufsniederlassung übernahm, war ihr klar, dass sie die Aufgabe allein nicht bewältigen konnte. Sie war darauf angewiesen, dass ihr der junge Familienvater half. Dies wusste sie genau und hatte ihn mit dem Versprechen nach München gelockt, ihn in seine Wunschposition zu befördern. Er hatte sich daraufhin eine Zweitwohnung in München genommen und sah seine Familie nur am Wochenende.

Meine Vermutung ist, dass die traumatische frühere Erfahrung auf die eine oder andere Weise ein Missbrauch war. Dies ist wahrscheinlich die Ursache dafür, dass sie zumindest bis zu diesem Zeitpunkt andere emotional missbrauchte.

Die Unberechenbarkeit (siehe Punkt 5) bestätigte sich anschließend noch in einem Assessment, dem sie als Beobachterin beiwohnte. Dort machte ein Teilnehmer nicht direkt das, was sie von ihm verlangte. Von einem Moment zum anderen brüllte sie ihn in einer völlig unangemessenen Art und Weise an.

Leider hatten wir hier keinen Coachingauftrag. Wir konnten jedoch allein aus diesem Profil die wahrscheinliche Ursache und den Lösungsweg ableiten.

Bleibt abschließend noch anzumerken, dass sich die Klientin in ihrem Profil sehr gut wahrgenommen fühlte und sich ganz toll damit fand.

10.1 Von den Besten lernen

Wie schon im Kapitel „Identifikation" beschrieben, gibt es kein Profil für den optimalen Verkäufer. Selbst wenn man innerhalb einer Branche bleibt, gibt es so etwas nicht. Der Topverkäufer von Rolls-Royce wäre ja schließlich nicht automatisch der beste Verkäufer von Volkswagen oder umgekehrt. Sehr wohl kann man aber feststellen, was einen guten Verkäufer in einem bestimmten Unternehmen ausmacht.

In jedem Unternehmen gibt es normalerweise circa 5 bis 10 Prozent Topverkäufer, 80 Prozent gutes Mittelmaß und bei den restlichen 10 bis 15 Prozent überlegt man vielleicht gerade, was man mit ihnen machen soll. Erstellt man nun von allen Topleuten und vom anderen Ende Profile, nimmt noch einen repräsentativen Schnitt aus der mittleren Gruppe, so kann man gleich mehrere Fliegen mit einer Klappe schlagen:
1. Durch die Kontrastanalyse weiß man genau, was man braucht und was man nicht braucht. Dies kann man dann bei zukünftigen Einstellungen entsprechend berücksichtigen.
2. Da man genau weiß, was den Erfolg ausmacht, kann man vorhandene Mitarbeiter dorthin entwickeln.

3. Schaut man sich noch an, in welchem Kundenkreis oder welcher Produktsparte die jeweiligen Verkäufer tätig sind, so kann man unter Umständen erkennen, dass einzelne Verkäufer besser Kundenkreis oder Produktsparte
   wechseln sollten.

Diese Vorgehensweise, „Modellieren" genannt, eignet sich nicht nur für Verkäufer. Man kann sie natürlich mit jedem anderen Beruf durchführen.

11. Profilsysteme für Denkpräferenzen

Es ist möglich, diese Strukturen durch gezieltes Fragen, Beobachten und Zuhören in einem strukturierten Interview zu ermitteln. Bei dieser Art der Ermittlung kann man als geübter Interviewer Ausprägungen in den einzelnen Präferenzen ermitteln. Diese Vorgehensweise ist jedoch aufwendig und auch fehleranfällig. Dies liegt daran, dass wir unser eigenes Denken auch auf andere projizieren, wie in dem Beispiel des Unternehmensberaters, der die Lösung eines Problems als zielorientiert betrachtete. Auch mit all meiner Erfahrung traue ich mir nicht immer zu, die Denkpräferenzen eines anderen Menschen wirklich korrekt zu ermitteln. Auch ich habe, wie jeder andere Mensch, die Tendenz, eigene Präferenzen auf andere zu projizieren.

In einem Training, das ich leitete, ließ ich eine Übung durchführen, in der die Teilnehmer den Sinneskanal ihres Gegenübers feststellen sollten. Da ein Teilnehmer fehlte, nahm ich selbst an der Übung teil. Als ich befragt wurde, erzählte ich von meinem letzten Aufenthalt in Barcelona. Wie ich mich dort fühlte, während ich an einem warmen Tag inmitten der Rambla spazieren ging. Wie ich mich fühlte, an all den Künstlern vorbeizugehen, die dort verschiedene Darstellungen anboten, als Pantomimen, die sich nur ruckartig bewegten, wenn man ihnen Geld in eine aufgestellte Büchse warf etc.

Die Teilnehmerin, die mich befragte, stufte mich aufgrund dieser Äußerungen als hochgradig visuell ein, obwohl ich ganz bewusst nicht ein einziges visuelles Wort benutzt hatte! Wahrscheinlich hatte sie meine Aussagen innerlich in ihr bevorzugtes System übersetzt und ist so zu dieser Annahme gekommen. Dies nennt man Projektion. Ihre eigene Denkweise wurde von ihr als meine interpretiert,

Wesentlich aussagekräftiger ist die Ermittlung der Denkstrukturen mithilfe standardisierter, computerunterstützter Fragebögen. Sie sind objektiv. Für manche Menschen sind auch die Ergebnisse dann glaubhafter, wenn sie diese schriftlich sehen und in der Hand halten können. Dabei sind sie sich bewusst, dass sie selbst den Fragebogen ausgefüllt haben. Auch das erhöht die Akzeptanz der Ergebnisse.

Es gibt im Markt mehrere Profilsysteme mit einem Fokus auf die in diesem Buch beschriebenen Denkpräferenzen.

Ein softwaregestütztes System ist die Meta-Profil-Analyse (MPA). Hier werden in den Fragen Bilder benutzt, auf denen Personen zu sehen sind. Diesen werden dann Worte in Form von Sprechblasen in den Mund gelegt, und als Antwort klickt man auf die Sprechblase, deren Aussage man am ehesten zustimmen kann. Ein Beispiel: Zwei Rockmusiker stehen auf einer Bühne und geben ein Konzert. Sprechblase 1: „Na heute spielen wir wieder ganz toll!" Sprechblase 2: „Na hoffentlich gefällt es dem Publikum!" Bei dieser Art der Befragung bleibt offen, ob die Antwort mehr durch den Inhalt der Sprechblase oder durch den optischen Eindruck der Person gegeben wird. Diese Form kann Messungenauigkeiten produzieren.

Als „Paper und Pencil"-Test gibt es den Nautilus. Dort werden 21 von den über 50 Denkpräferenzen, die in diesem Buch vorgestellt wurden, abgefragt. Da die im Nautilus benutzten Fragen mehrfach diverse Denkpräferenzen ansprechen, sind Ungenauigkeiten wahrscheinlich.

Weiterhin gibt es das LAB-Profil, das in den 1980er-Jahren von Rodger Bailey entwickelt wurde. Dieses Profilsystem ist ein Test mit insgesamt zwölf Fragen, die hier im Buch in leicht verbesserter Form ebenfalls aufgeführt wurden. Eine Zusammenfassung der Fragen findet sich auch im Anhang. Ich empfinde es als ein hilfreiches Tool. Hier gilt es allerdings darauf zu achten, dass man nicht das eigene Denken auf andere projiziert, sondern sich von den eigenen Denkweisen frei macht und neutral bleibt.

Was den Profilsystemen MPA, Nautilus und LAB aber vor allem fehlt, ist die Messung der (de-)motivierenden Faktoren am Arbeitsplatz. Es ist meine feste, aus der Erfahrung heraus entstandene Überzeugung, dass die Kombination der Messung von Denkpräferenzen und der (de-)motivierenden Faktoren am Arbeitsplatz den größten Nutzen für den Anwender bringt.

Der Identity Compass misst als softwaregestütztes Profilsystem, das sowohl online als auch offline funktioniert, die zuvor beschriebenen Präferenzen im Denken und Handeln sowie deren Erfüllung am Arbeitsplatz. Er hilft den Anwendern, besser zu verstehen, wie sie selbst denken und wie andere Menschen denken und handeln. Menschen finden sich zu 95 bis 100 Prozent in den Profilen wieder. Dies ist umso erstaunlicher, weil nicht nur einfach Grundtendenzen der Persönlichkeit aufgezeigt werden, sondern vielmehr über 50 verschiedene ganz konkrete Präferenzen im Denken und Handeln.

Dabei ist er streng genommen ein Profilsystem, das Typen und Denkpräferenzen miteinander mischt. Warum das?

Jedes Profilsystem hat grundsätzlich mit drei Problemen zu kämpfen: Menschen beantworten Profilsysteme so,
1. wie sie denken, dass es jetzt für sie von Vorteil ist (soziale Erwünschtheit),
2. wie sie gerne sein möchten, aber nicht sind (Wunschdenken), und
3. wie sie denken, dass sie sind, aber auch nicht sind (fehlerhafte Selbsteinschätzung).

Die Präferenzen der Erfolgsstrategie „Vision", „Realisierung" und „Qualitätskontrolle" sind streng genommen auch Typen. Diese Typen sind jedoch in den zuvor beschriebenen Denkpräferenzen definiert. Da sich Menschen normalerweise zu 50 bis 60 Prozent in Typenmodellen wiederfinden, muss mindestens jeweils die Hälfte der definierten Denkpräferenzen für „Vision", „Realisierung" und „Qualitätskontrolle" bei einem Menschen zutreffend sein, ansonsten hat er inkongruent geantwortet. Voraussetzung ist natürlich, dass die Erfolgsstrategie und die definierten Denkpräferenzen mit separaten Fragen erfasst werden.

Die Metaskalen (siehe Kapitel „Metaskalen") zeigen unter anderem auch an, inwieweit jemand sozial erwünscht geantwortet hat. Durch diese Maßnahmen haben wir hier ein präzises Messinstrument, das jegliche Art von Beschönigung in den Antworten sofort anzeigt.

Wie schon unter „Anforderungen an ein Profilsystem" beschrieben, muss eine hohe Trennschärfe in den Fragen herrschen. Sind die Fragen nicht wirklich trennscharf, dann weiß man nicht, worauf der Proband antwortet. Das ist der Grund, warum wir für die Entwicklung der 108 Fragen für die Denkpräferenzen ganze fünf Jahre brauchten. Im Laufe der Zeit habe ich die Fragen verschiedener Profilsysteme untersucht und konnte dabei in den einzelnen vorgegebenen Antworten Reizworte verschiedener Denkpräferenzen entdecken. Da weiß man nicht, worauf ein Mensch antwortet.

Mit Stand Ende 2008 ist der Identity Compass in 16 Sprachen verfügbar. Dabei zählen Deutsch, Englisch und Spanisch als jeweils eine Sprache, obwohl es sie in mehreren sprachlich unterschiedlichen Versionen gibt. An weiteren Sprachen wird schon gearbeitet.

Als Haupteinsatzbereiche haben sich in acht Jahren Marktpräsenz herausgestellt:
- Coaching (Einzel und Gruppencoaching)
- Training/Personalentwicklung
- Eignungsdiagnostik: Recruiting/Potenzialanalyse
- Assessment: Filter vor oder Ersatz von Assessment
- Modelling (von den Besten lernen)

Dieses Buch wird vielen Menschen auch ohne den Identity Compass helfen. Mit ihm wird es aber ungleich mehr sein, was jeder Einzelne an Erkenntnis aus der Anwendung des Profilsystems mitnehmen kann. Nach zweijähriger Erfahrung mit der Software rief mich ein Kunde, der zuvor mit vielen anderen Profilsystemen gearbeitet hatte, an, nur um mir zu sagen: „Hey Arne, der Identity Compass ist dem Wettbewerb nicht um Jahre voraus, sondern um Lichtjahre."

11.1 Valide Ergebnisse

Der Identity Compass ist ein bewährtes und erforschtes Instrument zur Messung von Denkpräferenzen.

Reliabilität

Die innere Konsistenz nach Crohnbach's Alpha wurde optimiert und liegt zwischen .70 und .95 und im Durchschnitt bei .80. Damit erfüllt der Identity Compass strenge wissenschaftliche Kriterien.

Validität

Er wurde mehrfach validiert gegenüber: NeoFFI (Big5), CPI, MBTI, OMT (Operander Motivations-Test), CFT (allgemeiner Intelligenztest) und durch Peer-Rating. Er zeigt substanzielle Zusammenhänge zu klassischen Persönlichkeitstests. Diese sind jedoch nicht so hoch, dass der Identity Compass selbst als Persönlichkeitstest bezeichnet werden müsste. Die Durchschnittshöhe der Korrelationen liegt bei circa .40. Damit hat der Identity Compass eindeutig seine Wurzeln in der klassischen Persönlichkeit. Er ist jedoch wesentlich differenzierter und darum nicht ganz so stabil.

Objektivität

Die Objektivität ist von Natur aus gegeben, da es sich um eine rein software-gestützte Analyse handelt.

Tendenz für die Glaubwürdigkeit

Die Auswertungssoftware zeigt von sich aus eine Tendenz für die Glaubwürdigkeit der im Test gegebenen Antworten auf.

Ergebnisse im Gespräch überprüfen

Durch ein Set von zusätzlichen Fragen können die Ergebnisse im Gespräch überprüft werden.

11.2 Der Zweck

Wo auch immer wir hinwollen, es ist gut zu wissen, wo man steht, um den Kurs zu seinem Ziel einschlagen zu können. In der Navigation benutzt man dazu einen Kompass:

1. Standortbestimmung

Er ist ein wichtiges Instrument in der Navigation zur Standortbestimmung. Je nachdem, wo wir uns befinden, schlägt eine Kompassnadel aus.

2. Kursbestimmung

Ein Kompass hat auch die Aufgabe, die Richtung des weiteren Weges aufzuzeigen. Selbst wenn wir alle das gleiche Ziel hätten, so müssten wir doch alle einen etwas anderen Kurs einschlagen, da wir alle irgendwo anders stehen.

Dies genau ist auch die Aufgabe des Identity Compass. Zu diesem Zweck werden Präferenzen (Professional Edition) und die Motivation durch den Arbeitsplatz (JobMotivation Edition) analysiert. Der untersuchte Rahmen bezieht sich auf den beruflichen Kontext. In diesem Sinne ist der Identity Compass eine Bestandsaufnahme und zeigt an, wie ein Mensch beruflich bevorzugt denkt und handelt, um Probleme zu lösen oder Ziele zu erreichen. Er lässt dabei sehr konkrete Rückschlüsse zu, wie man sich persönlich weiterentwickeln kann und wo das größte Entwicklungspotenzial liegt.

Auf den nachfolgenden Seiten sind die grafischen Darstellungen eines Musterprofils abgedruckt. Es ist das Profil, an dem wir zum ersten Mal Burn-out erkannt haben. Darüber hinaus ist unter anderem aus dem Profil abzulesen, dass es sich nicht um eine Führungskraft, sondern um einen teamorientierten Macher handelt und die Person einen Veränderungswunsch alle fünf bis sieben Jahre hat. All dies hat sich in der Praxis bewahrheitet.

11.3 Musterprofil

Übersicht 1 der Denkpräferenzen

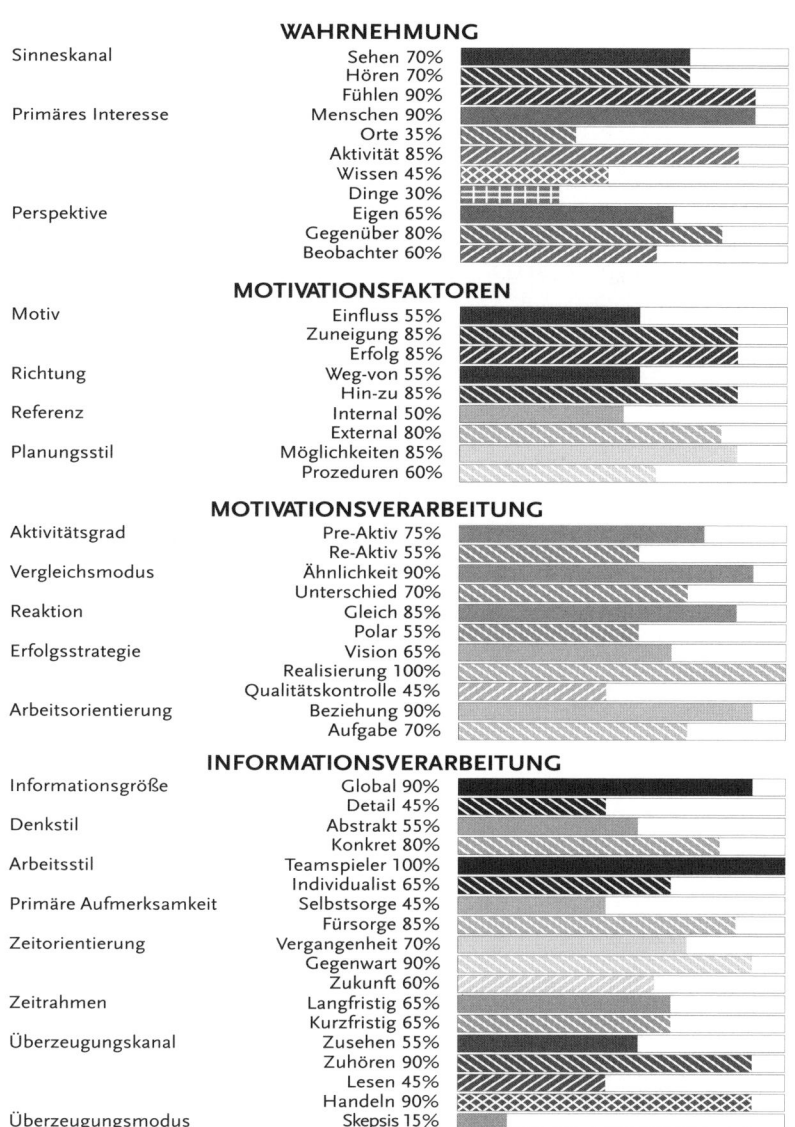

WAHRNEHMUNG

Sinneskanal	Sehen 70%	
	Hören 70%	
	Fühlen 90%	
Primäres Interesse	Menschen 90%	
	Orte 35%	
	Aktivität 85%	
	Wissen 45%	
	Dinge 30%	
Perspektive	Eigen 65%	
	Gegenüber 80%	
	Beobachter 60%	

MOTIVATIONSFAKTOREN

Motiv	Einfluss 55%	
	Zuneigung 85%	
	Erfolg 85%	
Richtung	Weg-von 55%	
	Hin-zu 85%	
Referenz	Internal 50%	
	External 80%	
Planungsstil	Möglichkeiten 85%	
	Prozeduren 60%	

MOTIVATIONSVERARBEITUNG

Aktivitätsgrad	Pre-Aktiv 75%	
	Re-Aktiv 55%	
Vergleichsmodus	Ähnlichkeit 90%	
	Unterschied 70%	
Reaktion	Gleich 85%	
	Polar 55%	
Erfolgsstrategie	Vision 65%	
	Realisierung 100%	
	Qualitätskontrolle 45%	
Arbeitsorientierung	Beziehung 90%	
	Aufgabe 70%	

INFORMATIONSVERARBEITUNG

Informationsgröße	Global 90%	
	Detail 45%	
Denkstil	Abstrakt 55%	
	Konkret 80%	
Arbeitsstil	Teamspieler 100%	
	Individualist 65%	
Primäre Aufmerksamkeit	Selbstsorge 45%	
	Fürsorge 85%	
Zeitorientierung	Vergangenheit 70%	
	Gegenwart 90%	
	Zukunft 60%	
Zeitrahmen	Langfristig 65%	
	Kurzfristig 65%	
Überzeugungskanal	Zusehen 55%	
	Zuhören 90%	
	Lesen 45%	
	Handeln 90%	
Überzeugungsmodus	Skepsis 15%	
	Vertrauen 95%	
Managementstil	Instruierend 61%	

Übersicht 2 der Denkpräferenzen

Übersicht Ihrer Präferenzen

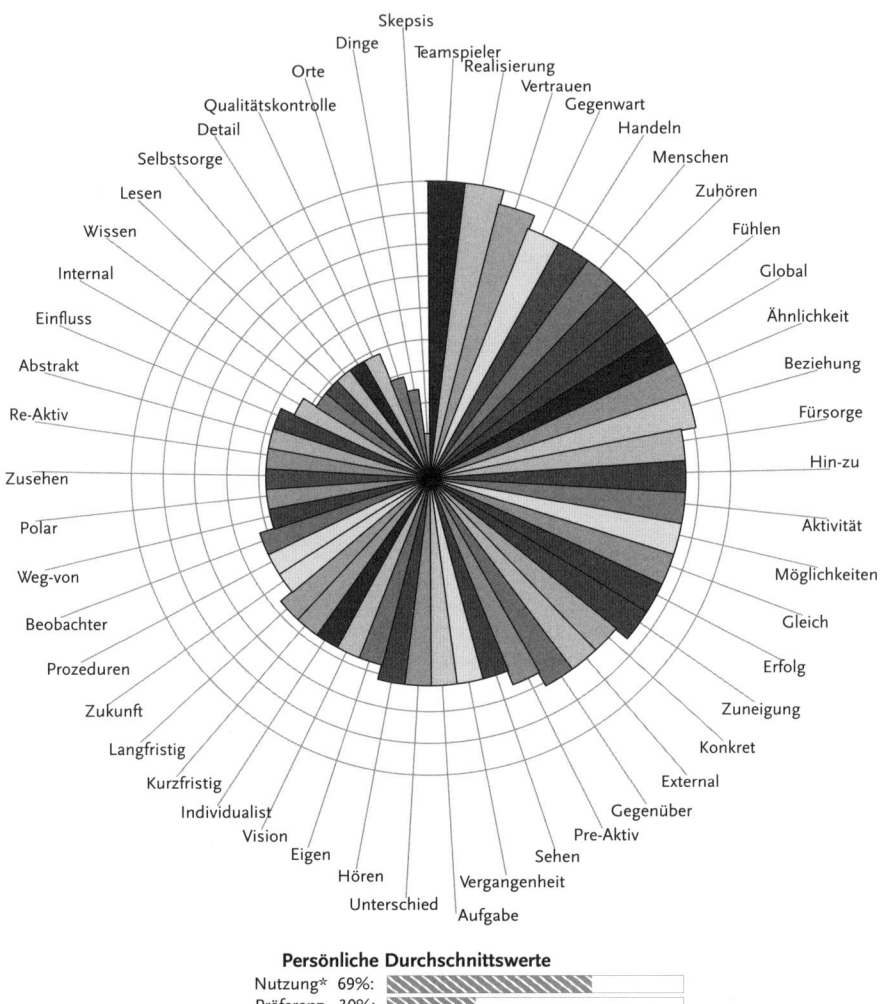

Persönliche Durchschnittswerte

Nutzung* 69%: \\\\\\\\\\\\\\\\\\\

Präferenz 30%: \\\\\\\\

*Die Prozentzahlen liegen normalerweise zwischen 60% und 70%.
Höhere oder niedrigere Prozentzahlen sind nicht schlechter oder besser, sondern nur anders!

Übersicht Arbeitsklima

AUTONOMIE

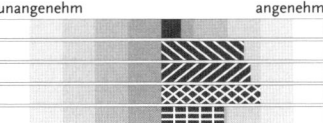

unangenehm   angenehm

Einfluss 3.15
Sinnhaftigkeit der Arbeit 12.93
Identifikation 13.56
Soziales Beziehungsnetz 15.22
Aufstiegschancen 9.82

ABHÄNGIGKEIT

unangenehm   angenehm

Negativer Stress 18.49

SICHERHEIT

unangenehm   angenehm

Entwicklungsmöglichkeiten 15.61
Anerkennung 21.79
Gemeinschaft 16.65

PERSPEKTIVLOSIGKEIT

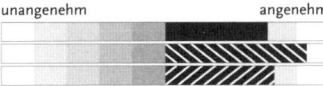

unangenehm   angenehm

Mangelnde Unterstützung –3.31
Mangel an Kommunikation –7.97
Soziale Kälte 0.13

HERAUSFORDERUNG

unangenehm   angenehm

Positiver Stress 14.23
Strategisches Geschick 12.83
Soziales Geschick 13.76
Serviceorientierung 13.51

SINNLOSIGKEIT

unangenehm   angenehm

Sinnlosigkeit 2.90

Werte, die als angenehm empfunden werden, sind mit einem Balken, der von der Mitte aus nach rechts läuft, dargestellt, unangenehm empfundene nach links. Dies geschieht unabhängig vom mathematischen Vorzeichen. Negative Werte bei „Abhängigkeit", „Perspektivlosigkeit" und „Sinnlosigkeit" zeigen das Nichtvorhandensein von Demotivation an. Ist also Demotivation nicht vorhanden, so wird es im Allgemeinen als angenehm empfunden, folglich gehen hier die Balken nach rechts.

Sie brauchten 46:38 (mm:ss) für die Beantwortung der Fragenversion CH JP 441f Deutsch.

Identity Compass® ist ein international eingetragenes Warenzeichen.
Identity Compass International GmbH · Web: http://identity-compass.com · E-Mail: info@identity-compass.com
© by Dr. David Scheffer für die JobMotivation Edition in Deutsch

Nachwort

Im Jahre 1995 wurde ich zum ersten Male aufgefordert, über Präferenzen, im NLP „Metaprogramme" genannt, zu referieren. Mein Anspruch als Trainer war, nur über das zu referieren, was ich auch verstanden habe. Nun gab es da einige Fragen zu diesen Präferenzen, die ich mir nicht beantworten konnte. Alle Trainer, die ich als anerkannte Experten hierzu befragte, konnten mir auf meine Fragen keine Antworten geben. Im Gegenteil. Man sagte mir, diese Fragen seien in diesem Zusammenhang nicht angemessen und würden mich nur auf den Holzweg führen.

Nachdem ich mit mehreren Trainern gesprochen hatte, fing ich langsam an zu glauben, dass es keine Antworten auf meine Fragen zu geben schien. Doch bei einem Treffen mit Robert Dilts, dem führenden Kopf im NLP weltweit, stellte ich ihm die gleichen Fragen und bekam überraschend andere Antworten: „Interessante Fragen, Arne. Ich habe auch keine Antwort darauf, aber ich glaube, es müsste welche geben."

Dies war der Beginn einer fruchtbaren Zusammenarbeit zwischen Robert und mir. Er stellte mir umfangreiches Forschungsmaterial zur Verfügung. Ich entwickelte daraufhin eine erste Version und machte erste Tests. Dabei entstand noch ein wichtiger Kontakt zu Bert Feustel. Auch er machte mir umfangreiches Material zugänglich und unterstützte mich als Koentwickler bei der Entwicklung der Fragen der Professional Edition. Dies war eine Zeit des telefonischen Austausches zwischen mir und Bert. In langen Diskussionen um einzelne Worte entstand nach und nach die Professional Edition des Identity Compass.

Im Sommer 1998 begann die Entwicklung der Software. Erleichtert nahm ich von den Programmierern zur Kenntnis, dass alle meine Anforderungen an eine solide Software einfach seien und dass das Programm innerhalb von 14 Tagen fertig sein könne. Doch nach und nach wurde deutlich, dass ein Projekt dieses Umfangs mehr Zeit in Anspruch nahm als gedacht. Endlich, im Juni 2000, also nach fast zwei Jahren, gab es die erste wirklich funktionsfähige Version. Vier Programmierer gaben dabei ihr Bestes und entwickelten ein überzeugendes Produkt. Dabei wird das Programm laufend verbessert und weiterentwickelt.

Nicht zuletzt durch die wissenschaftliche Begleitung von Dr. David Scheffer ist der Identity Compass weiter verbessert worden, sodass er auch wissenschaftlichen Kriterien entspricht. Aufgrund der hervorragenden und innovativen Qualität bot mir Dr. Scheffer im Sommer 2003 an, eine motivationale Tätigkeitsanalyse, die er in Zusammenarbeit mit Prof. Dr. Ansfried Weinert entwickelt hatte, von ihm weltweit exklusiv zu lizenzieren. Er sagte mir damals, dass es eine gute Ergänzung zu dem sei, was ich mit Unterstützung von Robert Dilts und Bert Feustel entwickelt hatte. Das machte für mich sofort Sinn, und ich griff zu. Dies ist heute die „JobMotivation Edition". Doch welches Geschenk er mir damit gemacht hatte, begriff ich erst Jahre später.

Kontaktieren Sie uns:
Identity Compass
International GmbH
Hochstrasse 131
CH-8330 Pfäffikon ZH
T +41(0)44-200 5309
F +41(0)44-200 5336
info@identitycompass.com
www.identitycompass.com

Anmerkungen

1: s. Miller; 1956
2: s. Nørretranders; 1994, Myers; 2008
3: s. Strack; 2009
4: s. Whitehead, Russell; 1910-1913
5: s. Bateson; 1980
6: s. Walker; 1996
7: s. Dilts; 1994
8: s. Towers Perrin; 2007
9: s. CSC Deutschland Akademie; 2003
10: s. Towers Perrin; 2007
11: s. Rost, Osterloh; 2008
12: s. Bruch, Vogel; 2005
13: s. Herzberg; 1967/2003
14: s. Csikszentmihalyi; 1975/1990/1997
15: s. Bischof; 1985
16: s. Stummer; 2008
17: s. McClelland; 1961
18: s. Bischof; 1985
19: s. Sprenger; 1997
20: s. Dilts, Epstein, Dilts; 1994
21: s. Miller; 1956
22: s. Kofler; 2004
23: s. Schulz von Thun; 1981
24: s. Csikszentmihalyi; 1975/1990/1997
25: s. Bischof; 1985
26: s. McClelland; 1961
27: s. Bischof; 1985
28: s. Scheffer, Kuhl; 2006
29: s. Weinert; 2004

30: s. Hackman, Oldham; 1975/1976/1980
31: s. Petermann, Studer; 2003
32: s. Petermann, Studer; 2003

Literaturverzeichnis

Bateson, Gregory: Ökologie des Geistes. Suhrkamp (1980)

Bischof, Norbert: Das Rätsel Ödipus. Piper (1985)

Bruch, Heike; Vogel, Bernd: Organisationale Energie. Gabler (2005)

CSC Deutschland Akademie, Dr. Dr. Heissmann (heute: Watson Wyatt Heissmann): Fiebes in Company. Welche Spuren hat die Krise hinterlassen. Studie, Wiesbaden (2003)

Csikszentmihalyi, Mihalyi: Beyond boredom and anxiety. Jossey-Bass (1975)

Csikszentmihalyi, Mihalyi: Kreativität. Harper & Row (1990)

Csikszentmihalyi, Mihalyi: Dem Sinn des Lebens eine Zukunft geben. Klett-Cotta (1997)

Dilts, Robert B.: Veränderung von Glaubenssystemen. Junfermann (1994)

Dilts, Robert B.; Epstein, Todd; Dilts, Robert W.: Know-how für Träumer. Junfermann (1994)

Hackman, J. Richard; Oldham, Greg R.: Development of the Job Diagnostic Survey. Journal of Applied Psychology, 60: 159–170 (1975)

Hackman, J. Richard; Oldham, Greg R.: Motivation through the design of work: Test of a theory. Organizational Behavior and Human Performance, 16: 250–279 (1976)

Hackman, J. Richard; Oldham, Greg R.: Work redesign. Addison Wesley (1980)

Herzberg, Frederick: Was Mitarbeiter in Schwung bringt. Harvard Business Manager, April, 50–62 (2003)

Herzberg, Frederick; Mausner, Bernard; Snyderman, Barbara B.: The motivation to work (2nd ed.). Wiley (1967)

Kofler, Werner: Kalte Herberge. Deuticke (2004)

McClelland, David: The achieving society. Van Nostrand (1961)

Miller, George A.: The Magical Number Seven, Plus or Minus Two. The Psychological Review, vol. 63, Issue 2, pp. 81–97 (1956)

Myers, David G.: Psychologie. Springer (2008)

Nørretranders, Tor: Spüre die Welt: Die Wissenschaft des Bewußtseins. Rowohlt Taschenbuch Verlag (1994)

Petermann, Frank Th.; Studer, Dieter: Burnout – Herausforderung an die anwaltliche Beratung. In: Aktuelle Juristische Praxis (AJP/PJA) 7/2003, S. 761–767 (2003)

Rost, Katja; Osterloh, Margit: Management Fashion Pay-for-Performance for CEOs. In: Vartiainen, Matti; Antoni, Conny; Baeten, Xavier; Hakonen, Niilo; Lucas, Rosemary; Thierry, Henk (Hrsg.): Reward Management – Facts and Trends in Europe. Pabst (2008)

Scheffer, David; Kuhl, Julius: Erfolgreich motivieren. Hogrefe (2006)

Schulz von Thun, Friedemann: Miteinander reden 1. Rowohlt (1981)

Sprenger, Reinhard: Mythos Motivation. Campus (1997)

Strack, David: Kulturelle Implikationen der Internationalisierung im Lebensmittel-Einzelhandel. Pabst (2009)

Stummer, Harald: Nebenwirkungen schlechten Managements. Harvard Businessmanager, Juli (2008)

Towers Perrin: Global Workforce Study 2007. http://www.towersperrin.com/tp/showdctmdoc. jsp?country=deu&url=HR_Services/Germany/Press_Releases/2007/20071023/2007_10_23.htm

Walker, Wolfgang: Abenteuer Kommunikation. Klett-Cotta (1996)

Weinert, Ansfried B.: Organisations- und Personalpsychologie: Lehrbuch. Beltz Psychologie Verlags Union (2004)

Whitehead, Alfred N.; Russell, Bertrand: Principia Mathematica. 3 Bände, Cambridge University Press (1910–1913)

Stichwortverzeichnis

Fragebogen zur Erfassung von Denkpräferenzen

I. Wahrnehmung

Denkstruktur	Sinneskanal
Frage:	(Wird durch Beobachtung festgestellt)
Sehen:	Redet sehr schnell, benutzt visuelle Wörter
Hören:	Redet melodisch, benutzt auditive Wörter
Fühlen:	Redet langsam, benutzt kinästhetische Wörter

Denkstruktur	Primäres Interesse
Frage:	(Wird durch Beobachtung festgestellt)
	Je nach Interesse redet der Beobachtete.
Menschen:	Darüber, wer alles dabei war
Orte:	Über das Ambiente
Aktivitäten:	Über das, was alles gemacht wurde
Wissen:	Über neue Informationen, über das was man lernen konnte
Dinge:	Über Computer, Autos, Schmuck etc.

Denkstruktur:	Perspektive
Frage:	(Wird durch Beobachtung festgestellt)
Eigen:	Nimmt eigene Bedürfnisse wahr
Gegenüber:	Fühlt mit anderen mit
Beobachter:	Ist sich selbst und anderen gegenüber sehr distanziert

II. Motivationsfaktoren

Denkstruktur:	**Werte**
Frage:	Was ist Ihnen wichtig an?
Zielwerte:	Kriterien, die erreicht werden sollten
Erhaltungswerte:	Kriterien, die nicht verletzt werden sollten

Denkstruktur:	**Motive**
Frage:	(Wird durch Beobachtung festgestellt)
Einfluss:	Will Einfluss und Kontrolle ausüben
Zuneigung:	Will gemocht werden
Erfolg:	Will sich über Leistung beweisen

Denkstruktur:	**Richtung**
Frage:	Warum ist Ihnen (Kriterium) wichtig?
Weg-von:	Erwähnt Probleme; „nie, nicht, vermeiden"
Hin-zu:	Nennt Ziele

Denkstruktur:	**Referenz**
Frage:	Wie wissen Sie, dass Sie gute Arbeit geleistet haben?
Internal:	Weiß es einfach
External:	Braucht Feedback von anderen, Fakten, Zahlen

Denkstruktur:	**Planungsstil**
Frage:	Warum haben Sie sich für (jetzigen Job) entschieden? (Achtung: Diese Frage bringt nicht immer die korrekten Ergebnisse.)
Möglichkeiten:	Zählt Liste von Kriterien auf
Prozeduren:	Erzählt eine Geschichte, wie etwas passiert ist

III. Motivationsverarbeitung

Denkstruktur:	**Aktivitätsgrad**
Frage:	(Wird durch Beobachtung festgestellt)
Aktiv:	Redet in aktiven, kurzen und klaren Sätzen
Re-aktiv:	Benutzt Wörter wie „versuchen", „nachdenken"

Denkstruktur:	Vergleichsmodus
Frage:	Wenn Sie an Ihre Arbeit jetzt und vor einem Jahr denken, was fällt Ihnen dann auf?
Ähnlichkeiten:	Betont, was ähnlich/identisch ist
Ähnl. m. Ausn.:	Betont, was besser/schlechter ist
Unter. m. Ausn.:	Betont, was verändert ist
Unterschiede:	Betont, was neu/verschieden ist

Denkstruktur:	Reaktion
Frage:	Wie reagieren Sie auf Empfehlungen?
Gleich:	Befolgt sie
Polar:	Tut das Gegenteil

Denkstruktur:	Erfolgsstrategie
Frage:	Denken Sie an ein vergangenes Vorhaben, was haben Sie da am liebsten gemacht?
Vision:	Erzählt, **was** man tun kann (langfristig)
Realisierung:	Erzählt, **wie** man es tun kann (kurzfristig)
Qualitätskontrolle:	Erzählt, welche **Probleme** auftauchen

Denkstruktur:	Arbeitsorientierung
Frage:	Beschreiben Sie eine Arbeitssituation, die (Wichtiges Kriterium für den Gesprächspartner) war. Was gefiel Ihnen daran?
Beziehung:	Redet über Menschen, Emotionen
Aufgabe:	Redet von Prozessen/Aufgaben/Zielen

IV. Informationsverarbeitung (Teil 1)

Denkstruktur:	Informationsgröße
Frage:	(Wird durch Beobachtung festgestellt)
Global:	Erzählt grob, was Sache ist
Detail:	Erzählt sehr detailliert

Denkstruktur:	Denkstil
Frage:	(Wird durch Beobachtung festgestellt)
Abstrakt:	Philosophiert gerne, redet über Bedeutung
Konkret:	Philosophiert ungern, redet über Konkretes

Denkstruktur:	Arbeitsstil
Frage:	Beschreiben Sie eine Arbeitssituation, die (Kriterium des Gesprächspartners) war. Was gefiel Ihnen daran?
Teamspieler:	Redet über „wir", „uns", „zusammen" etc.
Gruppenspieler:	Andere dabei, „ich habe es gemacht"
Individualist:	Macht alles alleine, andere getilgt

Denkstruktur:	Primäre Aufmerksamkeit
Frage:	(Wird durch Beobachtung festgestellt)
Selbstsorge:	Kümmert sich zuerst um sich selbst
Fürsorge:	Kümmert sich zuerst um andere

Denkstruktur:	Zeitorientierung
Frage:	(Wird durch Beobachtung festgestellt)
Vergangenheit:	Redet über Vergangenes
Gegenwart:	Redet über Gegenwärtiges
Zukunft:	Redet über Zukünftiges

Informationsverarbeitung (Teil 2)

Denkstruktur:	Zeitrahmen
Frage:	(Wird durch Beobachtung festgestellt)
Langfristig:	Redet über das, was langfristig ansteht
Kurzfristig:	Redet über das, was kurzfristig ansteht

Denkstruktur:	Überzeugungskanal
Frage:	Wie wissen Sie, ob jemand etwas gut macht?
Zusehen:	Will beobachten
Zuhören:	Will darüber reden
Lesen:	Will darüber lesen, braucht logische Argumente
Handeln:	Will es selbst ausprobieren

Denkstruktur:	Überzeugungsmodus
Frage:	Wie oft beziehungsweise wie lange muss jemand etwas machen, bis Sie überzeugt sind, dass er/sie es gut macht?
Anzahl d. Male:	Will etwas ca. drei bis sechs Mal erleben
Zeitdauer:	Will etwas über einen gewissen Zeitraum erleben
Skepsis:	Will immer wieder aufs Neue überzeugt werden
Vertrauen:	Gibt Vertrauensvorschuss

Denkstruktur:	**Managementstil**
Bestimmung:	Wie ist der Führungsstil einer Person?
Fragen:	1. Reflektieren Sie sich selbst?
	2. Reflektieren Sie andere?
	3. Fällt es Ihnen leicht, Ihre Erkenntnisse den anderen mitzuteilen?
Managend:	Antwort aller drei Fragen: „Ja"
Selbstreflexiv:	Antwort: 1. Frage „Ja", 2. „Nein"
Instruierend:	Antwort: 1. Frage „Nein", 2. und 3. „Ja"
Nicht Managend:	Antwort: 1. und 2. Frage „Ja", 3. „Nein"
Nicht Reflexiv:	Antwort aller drei Fragen: „Nein"

Liste kompetenter Consultants

Deutschland

Identity Compass Senior Consultants:

Barbara Walther
Beratung – Seminare – Coaching
Elsastr. 1
12159 Berlin
T: + 49 (0) 30 - 62 72 92 25
info@avenira.net
www.avenira.net

Klaus Hellstern
H.C.-Consulting
Schlüterstr. 84
20146 Hamburg
T: + 49 (0) 40 - 41 33 86 86
F: + 49 (0) 40 - 41 35 58 27
kh@ilap.de

Jürgen Wulff
Organisationsberatung
Coaching Training
Wandsbeker Chaussee 185b
22089 Hamburg
T: + 49 (0) 40 - 68 91 58 91
F: + 49 (0) 40 - 68 91 58 92
info@juergenwulff.de
www.juergenwulff.de

Jeannette Schunk
HLB Dr. Stückmann und Partner
Elsa-Brändström-Str. 7
33602 Bielefeld
T: + 49 (0) 5 21 - 2 99 31 27
F: + 49 (0) 5 21 - 29 93 06
schunk@stueckmann.de
www.stueckmann.de

Manfred Schuler
Training + Beratung
Rüsgenfeld 11a
41366 Schwalmtal
T: + 49 (0) 21 63 - 88 88 11
F: + 49 (0) 21 63 - 88 86 42
mail@schuler-training.de
www.schuler-training.de

Oliver Nixdorf
Leiter der Personalentwicklung
RUNNERS POINT
Warenhandelsgesellschaft mbH
Tiroler Str. 26
45659 Recklinghausen
oliver.nixdorf@runnerspoint.de
www.runnerspoint.de

Herbert Aufreiter
HA Consult
Am Streitstein 17
64646 Heppenheim
T: + 49 (0) 62 52 - 98 23 59
ha@identitycompass.com

Petra Faltus
Coach your mind!
Ruth-Schaumann-Str. 14
81929 München
T: + 49 (0) 1 74 - 9 20 81 30
mail@petrafaltus.de

Identity Compass Lehrtrainer:

Frank Fiedler
Körnerstr. 30
22301 Hamburg
T: + 49 (0) 40 - 44 00 75
F: + 49 (0) 40 - 4 50 53 67
frank.fiedler@identitycompass.com
www.identity-compass.de

Fridolin Kimmig
More-Institut Ltd.
Überwasenweg 6
77709 Wolfach
T: + 49 (0) 78 34 - 86 57 55
F: + 49 (0) 78 34 - 86 57 57
mail@more-institut.com
www.more-institut.com

Bert Feustel
mindSYSTEMS!
Institut für strategische
Kommunikation
Herzogstr. 83
80796 München-Schwabing
T: + 49 (0) 89 - 3 08 13 66
F: + 49 (0) 89 - 3 08 13 06
info@mind-systems.de
www.mind-systems.de

Identity Compass Consultants:

Dipl.-Psych. Harry Siegmund
Besser-Siegmund Institut
Mönckebergstr. 11
20095 Hamburg
T: + 49 (0) 40 - 32 70 90
info@besser-siegmund.de
www.besser-siegmund.de

Alexander Prinz
zu Schleswig-Holstein
HOLSTEIN:CONSULT
Große Bleichen 68
20354 Hamburg
T: + 49 (0) 40 - 65 06 79 87
F: + 49 (0) 40 - 65 06 79 87
a.holstein@holstein-consult.com
www.holstein-consult.com

Petra Sorge dos Santos
CL!C Crossculture Consulting
Wexstr. 42
20355 Hamburg
T: + 49 (0) 40 - 35 26 03
F: + 49 (0) 40 - 35 71 11 70
info@clic-interculture.com
www.clic-interculture.com

Andreas Pätzel
büro ikompetenz
Billrothstr. 88
22767 Hamburg
T: + 49 (0) 1 72 - 9 94 67 80
www.ikompetenz.de
info@ikompetenz.de

Ute Bonn
Bonn | research
Jospeh-Haydn-Str. 32
28209 Bremen
T: + 49 (0) 4 21 - 2 01 03 07
www.bonnresearch.de

Klaus-Michael Schunk
Consulting
Hermannstr. 1
33602 Bielefeld
T: + 49 (0) 1 72 - 9 95 91 74

Ela Daum
Consulting
Sankt-Augustiner-Str. 113
53225 Bonn-Beuel
T: + 49 (0) 2 28 - 94 69 06 70
F: + 49 (0) 2 28 - 94 69 06 74
info@eladaum.de
www.eladaum.de

Ralf Langwost, Dieter Weidhofer
IdeaManagement Worldwide GmbH
Inst. f. top-kreatives Prozess-Design
Holbeinstr. 74
60596 Frankfurt
T: + 49 (0) 69 - 61 77 72
info@ideamanagement.com
www.ideamanagement.com

Arpito Storms
Storms Kommunikations-
Entwicklungs-GmbH
Schlössleblick 2
79664 Wehr
T: + 49 (0) 77 62 - 80 60 51
info@storms-kommunikation.com
www.storms-kommunikation.com

Heidi Lensing
Beratung – Coaching – Moderation
Lentnerweg 3a
81927 München
T: + 49 (0) 89 - 14 33 52 11
F: + 49 (0) 89 - 14 33 52 12
M: + 49 (0) 1 79 - 4 94 21 06
kontakt@heidi-lensing.de
www.heidi-lensing.de

Roberto Morbio
Ideal Coaching®
Kolomanstr. 6
85737 Ismaning b. München
T: + 49 (0) 89 - 96 20 80 47
info@ideal-coaching.de
www.ideal-coaching.de

Gabriele Mühlbauer
Köhler Consulting
Königsseestr. 11
86163 Augsburg
T: + 49 (0) 8 21 - 6 50 31 04
F: + 49 (0) 8 21 - 6 50 31 06
info@koehler-training-coaching.de
www.koehler-training-coaching.de

Österreich

Identity Compass Senior Consultants:

Robert Schmidt
TRAINING & BERATUNG GbR
Ried – Malerwiese 17
6130 Schwaz
T: + 43 (0) 67 65 57 06 02
robert@training-beratung.at
www.training-beratung.at

Schweiz

Identity Compass Senior Consultants:

Claudia Conradin
Coaching & Kommunikation
Landhausweg 10
3007 Bern
T: + 41 (0) 7 63 47 22 48
info@conradin-coaching.ch
www.conradin-coaching.ch

Christina Weigl
Institut für Business-NLP
Hünenbergstr. 8
6006 Luzern
T: + 41 (0) 7 92 53 55 49
christina.weigl@business-nlp.ch
www.business-nlp.ch

Dr. Christian Bodmer
Institut für Business-NLP
Birkenstr. 49/Postfach 88
6343 Rotkreuz
T: + 41 (0) 4 17 80 13 56
christian.bodmer@business-nlp.ch
www.business-nlp.ch

Ueli Frischknecht
NLP-Akademie Schweiz
Buckstr. 13
8422 Pfungen
T: + 41 (0) 5 23 15 52 52
F: + 41 (0) 5 23 15 52 53
info@nlp.ch
www.nlp.ch

Identity Compass Consultants:

Margot Moebius
step2biz GmbH
Waldeggstr. 37
3097 Bern-Liebefeld
T: + 41 (0) 3 13 51 64 27
F: + 41 (0) 3 19 72 34 56
info@step2biz.ch
www.step2biz.ch

Marika Wonisch Beratung
Supervision & Coaching
Neumattweg 4
5503 Schafisheim
T: + 41 (0) 6 28 92 00 86
marika.wonisch@bluewin.ch

Michael Streit
in flow com gmbh
Malorain 5
6024 Hildisrieden
T: + 41 (0) 4 15 34 29 26
F: + 41 (0) 4 14 61 03 81
M: + 41 (0) 7 97 35 36 39
www.inflowcoaching.ch
info@inflowcoaching.ch

Michael Harth
mh training & coaching
Im eisernen Zeit 27
8057 Zürich
T: + 41 (0) 7 63 99 26 07
mh@harth.ch
www.harth.ch

Richard Brunner
RB-Coaching GmbH
In der Hueb 9
8312 Winterberg
T: + 41 (0) 5 23 45 29 94
M: + 41 (0) 7 96 34 45 10
www.rb-coaching.ch

FRITZ STÄMPFLI
Thaler Str. 87
9404 Rorschacherberg SG
T + F: + 41 (0) 7 93 33 80 90
staempfli.fritz@bluewin.ch

Weitere Identity-Compass-Ansprechpartner weltweit:

Europa:

Belgien
Germaine Rediger
T: + 32 (0) 23 05 35 45
germaine@identitycompass.com

Dänemark
Anders Piper
T: + 45 (0) 72 21 79 09
anders@identitycompass.com

Großbritannien
Di Tunney
T: + 44 (0) 11 59 82 65 63
diana@identitycompass.com

Italien
Flaminia Fazi
T: + 39 (0) 68 17 01 85
flaminia@identitycompass.com

Serbien, Kroatien, Bosnien:
Slavica Squire
T: + 3 81 (0) 1 12 66 73 00
slavica@identitycompass.com

Niederlande
Ben & Bas Licher
T: + 31 (0) 3 06 99 02 50
b.licher@identitycompass.nl

Portugal
Ana Karina Milheiros
T: + 3 51 (0) 2 18 47 41 90
karina@identitycompass.com

Rumänien
Adela Cristea
T: + 40 (0) 2 57 25 18 81
adela@identitycompass.com

Schweden
Mats Lundberg
T: + 46 (0) 40 46 40 01
mats@identitycompass.com

Amerika:

Kanada
Alan Woodhouse
T: + 1 - 90 58 31 78 90
alan@identitycompass.com

USA
Elvis Keith Lester
T: + 1 - 81 33 62 78 78
elvis@identitycompass.com

Lateinamerika
José Antonio Calcaño
T: + 58 - 21 22 34 40 25
calcanoja@identity-compass.com

Afrika:

Südafrika
Lardus Erasmus
T: + 27 (0) 8 61 11 30 40
larry@identitycompass.com

Nigeria
Asma'u M. Kaoje
T: + 2 34 (0) 80 55 14 44 44
asmau.kaoje@identitycompass.com

Asien:

China
May Lee
T: + 86 (21) 23 06 28 08
may@identitycompass.com

Indien
John Hunter-Murray
T: + 91 (0) 80 41 53 89 55
johnhunterm@identitycompass.com

Indonesien
Mariani Ng
T: + 62 (0) 21 55 95 83 32
mariani@identitycompass.com

Japan
Chihiro Tanaka
T: + 81 (0) 90 42 70 89 55
c.tanaka@identitycompass.com

Singapur
Maureen Koh
T: + 65 64 71 09 00
maureen@identitycompass.com

Ozeanien

Australien
Joseph Scott
T: + 61 (0) 4 37 12 11 21
joseph@identitycompass.com

Neuseeland
Andrée James
T: + 64 (0) 21 81 97 02
andree@identitycompass.com

Liste kompetenter Consultants